T0209801

Multiple Sequenzalignments

Theodor Sperlea

Multiple Sequenzalignments

Welches Programm passt zu meinen Daten?

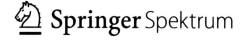

Theodor Sperlea
Marburg, Deutschland

Ergänzendes Material zu diesem Buch finden Sie auf www.springer.com/978-3-662-58810-9

ISBN 978-3-662-58810-9   ISBN 978-3-662-58811-6 (eBook)
https://doi.org/10.1007/978-3-662-58811-6

Die Deutsche Nationalbibliothek verzeichnet diese Publikation in der Deutschen Nationalbibliografie; detaillierte bibliografische Daten sind im Internet über http://dnb.d-nb.de abrufbar.

Springer Spektrum
Planung/Lektorat: Sarah Koch

Springer Spektrum ist ein Imprint der eingetragenen Gesellschaft Springer-Verlag GmbH, DE und ist ein Teil von Springer Nature.
Die Anschrift der Gesellschaft ist: Heidelberger Platz 3, 14197 Berlin, Germany

Meiner Frau Johanna

Vorwort

Manchmal kommt es im Bereich von interdisziplinärer Forschung zu Missverständnissen, Fehlern und Frustration. Die unterschiedlichen Disziplinen sprechen unterschiedliche Sprachen; das führt dazu, dass sie, wenn sie über denselben Sachverhalt reden, manchmal aneinander vorbeisprechen. Dasselbe Wort kann für sie unterschiedliche Bedeutungen haben, was das Unverständnis für die andere Disziplin nur verstärkt.

Die Bioinformatik ist genau so ein interdisziplinäres Feld. Hier treffen Expertinnen und Experten der Biologie, Informatik, Medizin, Pharmazie, Chemie, Algorithmik, Mathematik und des Ingenieurwesens aufeinander und versuchen, an einem gemeinsamen Strang zu ziehen. Erschwerend kommt hinzu, dass es sich bei der Bioinformatik im Allgemeinen um ein recht junges Feld handelt und dass sie in dieser kurzen Zeit enorme Wichtigkeit für viele verschiedene Anwendungsfelder errungen hat. Sequenzanalysen, Modellierungen und Datenbanksuchen sind aus dem Alltag der biologischen und medizinischen Forschung nicht mehr wegzudenken. Umso tragischer, wenn durch falsche Nutzung dieser Werkzeuge falsche Ergebnisse erzeugt werden und manche Erkenntnisse übersehen werden.

In der Bioinformatik gibt es wiederum einige Bereiche, die fast prädestiniert sind für eben solche Missverständnisse. Multiple Sequenzalignments (MSAs) sind eines dieser: Obwohl sie für sehr unterschiedliche biologische Fragestellungen eingesetzt werden, sind sie nur recht selten in den Curricula von Studierenden der Biologie zu finden. Die Programme, die diese MSAs aus Einzelsequenzen zusammensetzen, haben oft eine sehr interdisziplinäre Geschichte: Den evolutionsbiologischen Fragestellungen, die sie beantworten sollen, haben sich zunächst recht theorielastige Algorithmiker angenommen. Die so entstandenen Programme sind für die meisten ihrer Nutzerinnen und Nutzer *black boxes*; magische Objekte, die genutzt, aber nicht verstanden werden. Und die Forschung geht weiter; jedes Jahr werden neue, akkuratere, algorithmisch spannendere Programme zur Generierung von MSAs geschrieben. Diese Entwicklungen gehen aber, im größten Teil, an ihrer Zielgruppe vorbei: Als Biologe nutzt man das MSA-Programm, das man schon immer benutzt hat und das bisher immer seinen Dienst getan hat.

Dieses Buch wurde geschrieben, um Missverständnissen vorzubeugen und den Leser für diesen interdisziplinären Bereich sprachfähig zu machen. Es ist so strukturiert und geschrieben, dass es Personen mit unterschiedlich hohem Vorwissen erklären kann, wie die Programme funktionieren, die für das Herstellen von MSAs geschrieben worden sind. Der erste Teil dieses Buches beschäftigt sich mit den Hintergründen: Kap. 1 soll als Einleitung dienen – sowohl in die Fragestellungen, die mit Hilfe von MSAs bearbeitet werden können, als auch in die Formate, die üblicherweise zur Speicherung und Weitergabe ebendieser genutzt werden. Kap. 2 begibt sich dann auf die Reise durch die algorithmischen Hintergründe der Programme und soll die Grundlagen der Informatik hinter den Programmen weitergeben. Schließlich wird im dritten Kapitel eine Liste von aktuell und historisch wichtigen MSA-Programmen in größerer Detailtiefe beschrieben. Der zweite Teil stellt das Herzstück des Buches dar. Hier werden Empfehlungen ausgesprochen, welches MSA-Programm sich für welches Problem eignet. Hierzu wurde eine Benchmark-Analyse durchgeführt, bei der viele verschiedene Programme auf standardisierte Testdatensätze angewandt wurden. Die Methodik und die technischen Hintergründe hiervon finden sich in Kap. 4, die Ergebnisse in Kap. 5.

Die Kapitelstruktur dieses Buches ist somit so gewählt, dass sie schichtenweise immer tiefer in die Hintergründe und Nutzung von MSAs bzw. MSA-Programmen einführt. Dieses Buch ist als Nachschlagewerk gedacht, in dem die in einer gegebenen Situation relevanten Abschnitte schnell zu identifizieren sind. Manche Leser werden die Beschreibungen der MSA-Formate überspringen können, da sie sich hauptsächlich dafür interessieren, wie ein spezifisches Programm im Detail funktioniert. Dennoch hoffe ich, dass die Kapitel auf eine Art und Weise angeordnet sind, dass sich einer allgemein interessierten Person ein beinahe spannender Lesefluss ergibt.

Bevor das Buch beginnt, sind einige Anmerkungen zur verwendeten Sprache angebracht. Wie in vielen technischeren Bereichen der Wissenschaft findet sich nicht viel deutschsprachige Literatur über multiple Sequenzalignments und somit keine einheitliche und etablierte Wortwahl. Wo möglich wurden zur Wahrung des Textflusses in diesem Buch dennoch deutsche Begriffe genutzt; in diesen Fällen sind die englischen Fachbegriffe bei den jeweils ersten Nutzungen einer deutschen Übertragung angegeben. Jedoch finden sich auch Termini, für die keine oder nur unzureichende Übertragungen vorhanden sind. In diesen Fällen werden die englischen Fachbegriffe bzw. ihre eingedeutschten und umgangssprachlich üblichen Versionen genutzt. So kommt das Buch nicht umhin, von „gap penalties", „mismatches" und „guide trees" zu reden, da sich der Sinn von „Lückenkosten", „Fehlpaarungen" und „Leitbäumen" nicht direkt ergibt. Ein Beispiel für einen eingedeutschen Begriff stellt das Verb „alignieren" dar, welches in diesem Buch verwendet werden wird, da es unter Forschenden umgangssprachlich verwendet wird und auch hier die beste deutsche Übersetzung („anlagern") ungebräuchlich und missverständlich ist.

Schließlich bleibt mir noch, all den Personen zu danken, ohne die dieses Buch nicht in dieser Form möglich gewesen wäre. Für die Analyse im hinteren Teil des Buches wurden Rechnungen auf dem MaRC2-Hochleistungsrechner der Philipps-Universität Marburg durchgeführt. Für die Installation und Pflege der verwendeten Programme danke ich Herrn Sitt vom Hessischen Kompetenzzentrum für Hochleistungsrechnen, gefördert durch das Hessische Ministerium für Wissenschaft und Kunst. Ebenso gilt mein Dank Prof. Dr. Torsten Waldminghaus, Prof. Dr. Dominik

Heider und Carlo Klein, die mir Mut zugesprochen haben, dieses Projekt anzugehen. Johanna Sperlea sei gedankt für ständige Ermutigung und das Korrekturlesen. Meinen Ansprechpartnerinnen im Projektmanagement Stefanie Schmoll und Meike Barth danke ich für ihre ständige Betreuung und großen Hilfen bei Stil und Inhalt. Besonderer Dank gilt Sarah Koch in ihrer Rolle als Publishing Editor bei Springer, die mir einen großen Vertrauensvorsprung entgegenbrachte, als sie mir dieses Buchprojekt anbot und deren Ideen sehr hilfreich für die Konzeptfindung waren.

Marburg, Deutschland
August 2018

Theodor Sperlea

Inhaltsverzeichnis

Teil I

Hintergründe

Multiple Sequenzalignments: eine Einführung

1.1 Einleitung

Dieses Buch beschäftigt sich mit Programmen, die multiple Sequenzalignments (MSAs) erzeugen. Diese Programmklasse ist wahrscheinlich die am meisten genutzte und vielfältigste Programmklasse der Bioinformatik. In den letzten 30 Jahren wurden unzählige Programme und Ansätze entwickelt, um MSAs aus Protein- und DNA-Sequenzen zu erzeugen. Diese Programme belegen üblicherweise die ersten Kapitel der einschlägigen Bioinformatik-Lehrbücher und die ersten Stunden der meisten einführenden Vorlesungen. Dennoch verwenden Biologinnen und Biologen recht wenig Gehirnschmalz auf die Frage, welches der vielen verschiedenen Programme das optimale für das uns im Moment vorliegende Problem ist; wir benutzen einfach das eine Tool, das wir immer schon genutzt haben. Das Buch, das Sie gerade in der Hand halten, ist geschrieben worden, um das zu ändern. Schritt für Schritt und in steigender Detailtiefe werden wir uns dem Phänomen MSA-Programm nähern. Im Kap. 5 finden sich schließlich die Ergebnisse einer groß angelegten Vergleichsstudie, die angestellt wurde, um die Frage zu beantworten, welches MSA-Programm nun das optimale für ein gegebenes Problem ist.

Aber warum werden MSA-Programme so breitflächig eingesetzt? Sowohl DNA und RNA als auch Proteine werden im Computer häufig als Sequenzen, also eindimensionale Zeichenfolgen von Buchstaben (engl. *strings*), dargestellt. Das ist möglich, da diese Makromoleküle aus Bausteinen, wie Desoxyribo-, Ribonukleinsäuren oder Aminosäuren bestehen und diese in einer eindeutigen, linearen Reihenfolge angeordnet sind. Recht früh haben sich Wissenschaftlerinnen und Wissenschaftler auf gemeinsame „Alphabete" geeinigt, um DNA-, RNA- oder Proteinsequenzen darzustellen [17].

Diese Darstellung ist sinnvoll und intuitiv: Sie besteht aus reinem Text und ist somit speicherplatzeffizient. Sie ist der biologischen Realität recht nah und einfach für informatische Bearbeitungen zugänglich. Zwar gehen Informationen wie z. B. die elektrochemischen Eigenschaften der einzelnen Aminosäuren durch diese

Darstellung (zunächst) verloren, allerdings ist es möglich, diese Eigenschaften aus den Sequenzen zu rekonstruieren [48].

Obgleich sich also die Sequenzdarstellung biologischer Sequenzen durchgesetzt hat, ist sie für manche Anwendungen problematisch. Ein zentraler Schritt vieler Analysen von Sequenzdaten sind Vergleiche: Sind sich diese beiden Sequenzen ähnlich oder sind sie sogar identisch? Welche Sequenz aus der Datenbank ist einer anderen Sequenz am ähnlichsten? Es ist einleuchtend, dass die DNA-Sequenz AAAT der Sequenz AAAA ähnlicher ist als TTTT. Jedoch ist das schon nicht mehr so einfach, wenn die Sequenzen z. B. unterschiedlich lang sind. Zusätzlich kommt es in der Evolution biologischer Sequenzen recht häufig zu sogenannten Insertionen und Deletionen, die bei einem Vergleich identifiziert und beachtet werden müssen.

Dieses Problem lösen Sequenzalignments. Dazu werden die Sequenzen, die miteinander verglichen werden sollen, passend untereinander geschrieben, sprich: aligniert. Passend bedeutet hierbei, dass miteinander verwandte bzw. sich möglichst ähnliche Bereiche aneinandergelagert werden. Sind nur zwei Sequenzen beteiligt, so spricht man von einem paarweisen Sequenzalignment (PSA), bei einer größeren Anzahl handelt es sich um ein multiples Sequenzalignment (MSA). Details dazu, wie solche Alignments erzeugt werden, finden sich in Kap. 2.

1.2   Anwendungsbereiche von MSAs

Sequenzalignments sind also notwendig, um biologische Sequenzen, die aus DNA, RNA oder Aminosäuren bestehen, miteinander zu vergleichen. Diese Sequenzvergleiche sind für die Beantwortung vieler verschiedener biologischer oder bioinformatischer Fragestellungen notwendig. In diesem Abschnitt wollen wir uns einige dieser Fragestellungen anschauen, die klassischerweise durch MSAs gelöst werden und welche Rolle MSAs in ihnen spielen.

Konservierte Sequenzabschnitte: Motive und Domänen

In einem MSA sind konservierte Sequenzabschnitte der alignierten Sequenzen sehr gut sichtbar, da sie Blöcke von sehr ähnlichen oder sogar identischen Buchstabenfolgen bilden. Wenn die einzelnen Sequenzen evolutionär hinreichend unterschiedlich und z. B. an anderen Stellen variabler sind, dann kann davon ausgegangen werden, dass an diesen konservierten Stellen ein Selektionsdruck herrscht. Dieser kann allerdings nur entstehen, wenn der betreffende Sequenzabschnitt funktionell wichtig ist und eine Mutation z. B. die Struktur des Proteins beeinflussen würde. Somit ist die Konserviertheit von Sequenzabschnitten ein Hinweis darauf, dass diese wichtige Funktionen ausüben.

Welche Funktionen dabei betroffen sein können, hängt unter anderem auch von der Länge des konservierten Bereichs ab. Ist der Abschnitt eher klein (<20 Aminosäuren bzw. Nukleotiden), so reden wir von Motiven, größere Abschnitte werden, insbesondere bei Proteinsequenzen, oft als Domänen bezeichnet. Motive können in

DNA und RNA als Proteinbindestellen fungieren oder andere regulative Funktionen haben [20, 91, 116], bei Proteinen können diese z. B. die Kontaktstellen zwischen mehreren Proteinen darstellen. Domänen sind wie Bausteine, aus denen modular aufgebaute Proteine bestehen [117]. Durch die Modularität der Proteinsequenzen können ähnliche oder identische Domänen in ansonsten sehr unterschiedlichen Proteinen vorkommen. Somit können MSAs für die funktionelle Identifikation dieser Motive und Domänen verwendet werden. Wie wir in den Abschn. 2.2.4 und 2.3.8 (im Paragraphen „*Proteine mit hochkonservierten Domänen*") sehen werden, sind hierfür MSA-Programme zu empfehlen, die ein sogenanntes lokales Alignment erzeugen.

Vorhersage von Funktion und Struktur

Der logische Schluss, dass ähnliche Sequenzen in aller Regel ähnliche Funktionen haben, kann auch auf ganze DNA-, RNA- und Proteinsequenzen ausgeweitet werden. So können z. B. neuen Sequenzen bekannte Funktionen zugeordnet werden, indem diese mit einer Datenbank von bekannten Strukturen verglichen und die Funktionen der Suchergebnisse mit den höchsten Ähnlichkeitswerten für die neue Sequenz übernommen werden. Da die Funktion eines Proteins im Allgemeinen stark von dessen dreidimensionaler Struktur abhängt, können so auch Hypothesen über die Struktur eines bisher unbekannten Proteins aufgestellt werden.

Bei solchen Datenbankanfragen sind allerdings oft keine multiplen, sondern nur paarweise Sequenzvergleiche und somit paarweise Sequenzalignments (PSAs) notwendig, da eine einzelne Sequenz (als *query*) mit jeder der in der Datenbank befindlichen Sequenzen einzeln verglichen wird. Da PSA-Programme für ihre Vergleiche weniger Rechenzeit benötigen als vergleichbare MSA-Programme, haben sich für Datenbanksuchen Programme wie BLAST durchgesetzt (Abschn. 2.4.2). Zum Vergleich größerer Mengen von Sequenzen haben sich außerdem Alignment-freie Methoden etabliert, die im Abschn. 2.4.3 genauer beschrieben sind [120, 134]. Für nicht allzugroße Datenmengen werden hier aber immer noch MSA-Programme eingesetzt, da diese bestimmte evolutionäre Effekte sehr gut abbilden können.

Phylogenie

Ganz ähnlich verhält es sich mit der Erzeugung von phylogenetischen Bäumen auf der Basis von DNA-, RNA- oder Proteinsequenzen. Wie in Abschn. 1.3 im Paragraphen „*Baumformate*" beschrieben ist, bieten sich MSA-Programme sehr gut für die Erfassung der evolutionären Verwandtschaftsverhältnisse verschiedener Sequenzen an. Die Annahme ist folgende: Die hier miteinander alignierten Sequenzen stammen von einer Ursequenz ab und sind durch Mutationen und Insertionen evolutionär entstanden. Somit lässt sich, kurz gesagt, durch Zählen der Unterschiede zwischen allen Sequenzen der Stammbaum der Sequenzen errechnen: Sequenzen, die sich ähneln, werden sich in diesem näher stehen. Jedoch muss, um ein korrektes Zählen dieser Events zu ermöglichen, klar sein, welches Zeichen in einer Sequenz mit einem anderen Zeichen einer anderen Sequenz korrespondiert; die Sequenzen müssen also aligniert werden. Seit etwa zehn Jahren werden auch für phylogenetische Fragen Alignment-freie Methoden eingesetzt, da sich diese als ähnlich akkurat und schneller erwiesen haben [36].

MSAs als Alltagswerkzeuge

Im Alltag von Molekularbiologinnen und Molekularbiologen finden sich MSAs neben den bisher angesprochenen Anwendungen in vielen, kleineren Arbeitsschritten. So werden MSA-Programme oft dafür genutzt, um die Ergebnisse einer DNA-Sequenzierung mit mehreren erwarteten Sequenzen abzugleichen oder verschiedene Sequenzierungen einer sehr ähnlichen Region miteinander zu vergleichen. Das könnte z. B. nach einer ungerichteten Mutagenese notwendig sein.

Sollen Primer für mehrere Stämme oder Arten oder auch verschiedene, ähnliche Genregionen nutzbar sein, so müssen sie auf Sequenzebene passend sein. Mithilfe eines MSAs der Sequenzen dieser Regionen kann sichergestellt werden, dass eine Primersequenz gewählt wird, die trotz Variation der Zielregionen funktioniert.

Diese und weitere Anwendungen sind recht kleinschrittig und enthalten einen großen Anteil an „Handarbeit". Dadurch liegt viel Kontrolle über einzelne Arbeitsschritte und Entscheidungen bei der forschenden Person. Um die Arbeit an den möglicherweise recht unübersichtlichen MSA-Dateien zu vereinfachen, bieten sich grafische Darstellungen an, wie sie in Abschn. 1.3 im Paragraphen „Grafische Darstellungsmöglichkeiten" genauer beschrieben werden.

Die Vielfalt der Anwendungsfelder für MSAs zeigt, wie wichtig MSAs für die biologische Forschung sind und erklärt, warum die Erzeugung von MSAs eine so zentrale Position in Bioinformatik-Curricula einnimmt. Zwar gibt es einige Bereiche, in denen zur Zeit MSAs von anderen Ansätzen abgelöst werden, aber dennoch werden MSA-Programme und MSAs nicht allzu schnell von der Bildfläche verschwinden.

1.3   Darstellungsformate von MSAs

Die Weiträumigkeit der Anwendungsfelder von MSAs hat dazu geführt, dass sich viele verschiedene Forschergruppen der Entwicklung von MSA-Programmen gewidmet haben und diese nun unterschiedliche Schwerpunkte und somit unterschiedliche optimale Einsatzorte besitzen. Mit genaueren Beschreibungen dieser unterschiedlichen Algorithmen und Programme beschäftigen sich die Kap. 2 und 3. Gleichzeitig hat das auch zu verschiedenen Darstellungsformaten für MSAs geführt, über die der folgende Abschnitt einen Überblick geben soll.

Diese unterschiedlichen Formate sind optimal für unterschiedliche Zwecke; und es ist für diese Format-Fragen im Prinzip irrelevant, auf welche Art und Weise das vorliegende Alignment generiert wurde. In diesem Buch werden die MSA-Formate vor den Algorithmen zur Generierung von MSAs beschrieben, weil Wissen über Letztere sicherlich für den Forschungsalltag hilfreich, aber nicht notwendig ist. Im Gegensatz dazu sind diese Ausgabeformate der Aspekt von MSAs, mit dem Forschende im Alltag den größten Kontakt haben dürften.

Die Aufzählung der Formate in diesem Abschnitt ist sicherlich nicht vollständig, jedoch sind die meistgenutzten Formate vertreten. Außerdem können die meisten aktuellen MSA-Programme ihre Ergebnisse in einigen der hier beschriebenen Formate ausgeben.

Die Darstellung der Formate in den Abb. 1.1, 1.2, 1.3, 1.4 and 1.5 ist an deren Darstellung in üblichen Texteditoren angelehnt. Diese Darstellung zeichnet sich durch die Nutzung von *monospaced* Schriftarten aus, die jedem Zeichen die gleiche Zeilenbreite zuordnen. So ist garantiert, dass alignierte Zeichen untereinander stehen, wohingegen es bei anderen Schriftarten zu Verschiebungen kommen kann. Die Beispiele sind der Internetseite http://emboss.sourceforge.net/docs/themes/AlignFormats.html entnommen oder aus den dort genutzten Sequenzen erzeugt.

FASTA

Das am weitesten verbreitete Datenformat für biologische Sequenzen ist das FASTA- oder Pearson-Format, das sowohl einfach als auch flexibel ist [86]. Im FASTA-Format geht jeder einzelnen Sequenz eine Deskriptorzeile voraus, die mit dem Zeichen „>" beginnt. Die Deskriptorzeilen enthalten alle für die jeweilig dazugehörige Sequenz relevanten Informationen. Alterierend zu den Deskriptorzeilen steht je eine DNA-, RNA- oder Proteinsequenz, die sich auch über mehrere Zeilen erstrecken kann (Abb. 1.1).

```
>IXI_234
TSPASIRPPAGPSSRPAMVSSRRTRPSPPGPRRPTGRPCCSAAPRRPQATGGWK
TCSGTCTTSTSTRHRGRSGWSARTTTAACLRASRKSMRAACSRSAGSRPNRFAP
TLMSSCITSTTGPPAWAGDRSHE
>IXI_235
TSPASIRPPAGPSSR--------RPSPPGPRRPTGRPCCSAAPRRPQATGGWK
TCSGTCTTSTSTRHRGRSGW---------RASRKSMRAACSRSAGSRPNRFAP
TLMSSCITSTTGPPAWAGDRSHE
>IXI_236
TSPASIRPPAGPSSRPAMVSSR--RPSPPPPRRPPGRPCCSAAPPRPQATGGWK
TCSGTCTTSTSTRHRGRSGWSARTTTAACLRASRKSMRAACSR--GSRPPRFAP
PLMSSCITSTTGPPPPAGDRSHE
>IXI_237
TSPASLRPPAGPSSRPAMVSSR-RPSPPGPRRPT----CSAAPRRPQATGGYK
TCSGTCTTSTSTRHRGRSGYSARTTTAACLRASRKSMRAACSR--GSRPNRFAP
TLMSSCLTSTTGPPAYAGDRSHE
```

Abb. 1.1 Ein MSA im FASTA-Format

Aus diesem Dateiaufbau folgt, dass das FASTA-Format sehr einfach zu bearbeiten ist. Soll eine Datei im FASTA-Format um Sequenzen erweitert werden, müssen lediglich die Sequenzen und die dazugehörigen Deskriptorzeilen an die Datei angefügt werden. Es sind somit keine Eingriffe in die bisher bereits in der Datei befindlichen Informationen notwendig.

Um das FASTA-Format für die Darstellung von MSAs zu nutzen, ist nur eine kleine Erweiterung des Formats notwendig: Die im Lauf des Alignierens in die Sequenzen eingefügten Lücken (engl. *gaps*, s. Abschn. 2.2.3) werden mit einem Lückensymbol dargestellt. Diese Rolle nehmen üblicherweise die Symbole „−" oder „." ein. Damit bleiben FASTA-Dateien, die MSAs enthalten, für die meisten Programme les- und bearbeitbar, die auch mit regulären FASTA-Dateien hantieren.

Allerdings hat die Darstellung von MSAs im FASTA-Format auch ihre Limitationen. So eignet sich das FASTA-Format nur bedingt zur „manuellen" Inspektion des MSAs durch einen Nutzer, da die alignierten Sequenzen nicht direkt untereinander stehen und somit nicht unmittelbar sichtbar ist, welche Base bzw. Aminosäure mit welcher Base bzw. Aminosäure in jeweils anderen Sequenzen korrespondiert. Somit ist in der FASTA-Darstellung eines MSAs auch nicht offensichtlich, wo konservierte Blöcke oder *mismatches* vorliegen.

Gravierender ist jedoch, dass beim Speichern von MSAs im FASTA-Format Informationen verloren gehen können. MSA-Programme berechnen üblicherweise mehrere globale und paarweise Qualitätsscores und z. B. die gesamte Anzahl der im MSA vorhandenen *mismatches*. Diese Metadaten können jedoch im FASTA-Format nicht abgespeichert werden, da allein in den Deskriptorzeilen Informationen – und somit nur sequenzspezifische Informationen – gespeichert werden können.

Clustal

Das Format, das die Programme der Clustal-Familie (näher beschrieben in Abschn. 3.1, in den Paragraphen „*Clustal*", „*ClustalW*", „*Clustal Omega*") als Standard-Output nutzen, ist im Gegensatz zum FASTA-Format gut lesbar. Die Sequenzen werden auf intuitive Art untereinander angeordnet, sodass korrespondierende Basen bzw. Aminosäuren untereinander geschrieben werden (Abb. 1.2).

Da die Programme der Clustal-Familie, insbesondere ClustalW und Clustal Omega, zu den meistgenutzten MSA-Programmen gehören, gehört dieses Format zu den weitestverbreiteten Formaten zur Darstellung von MSAs und wird von vielen MSA-Programmen unterstützt.

Dateien im Clustal-Fomat enthalten zunächst einen minimalen Informationsabschnitt, in dem lediglich dargestellt wird, dass es sich um das Clustal-Format handelt (Abb. 1.2). Nach mehreren leeren Zeilen folgen darauf die Sequenzen, die jeweils nur zeilenweise und somit auf mehrere Abschnitte gestückelt dargestellt sind. Dabei werden an jedem Zeilenende alle Sequenzen gleichzeitig umgebrochen, sodass eine als „*interleaved*" (deutsch: verschachtelt) bezeichnete Sequenzanordnung entsteht. Jede Zeile, die eine Sequenz enthält, beginnt mit dem Identifier der dazugehörigen

```
CLUSTAL W(1.83) multiple sequence alignment


IXI_234        TSPASIRPPAGPSSRPAMVSSRRTRPSPPGPRRPTGRPC
IXI_235        TSPASIRPPAGPSSR--------RPSPPGPRRPTGRPC
IXI_236        TSPASIRPPAGPSSRPAMVSSR--RPSPPPPRRPPGRPC
IXI_237        TSPASLRPPAGPSSRPAMVSSRR-RPSPPGPRRPT----


IXI_234        CSAAPRRPQATGGWKTCSGTCTTSTSTRHRGRSGWSART
IXI_235        CSAAPRRPQATGGWKTCSGTCTTSTSTRHRGRSGW----
IXI_236        CSAAPRRPQATGGWKTCSGTCTTSTSTRHRGRSGWSART
IXI_237        CSAAPRRPQATGGYKTCSGTCTTSTSTRHRGRSGYSART


IXI_234        TTAACLRASRKSMRAACSRSAGSRPNRFAPTLMSSCITS
IXI_235        ------RASRKSMRAACSRSAGSRPNRFAPTLMSSCITS
IXI_236        TTAACLRASRKSMRAACSR--GSRPPRFAPPLMSSCITS
IXI_237        TTAACLRASRKSMRAACSR--GSRPNRFAPTLMSSCLTS


IXI_234        TTGPPAWAGDRSHE
IXI_235        TTGPPAWAGDRSHE
IXI_236        TTGPPPPAGDRSHE
IXI_237        TTGPPAYAGDRSHE
```

Abb. 1.2 Ein MSA im Clustal-Format

Sequenz, der durch einige festgestellte Leerzeichen von dieser getrennt ist. Die Sequenzblöcke werden durch mehrere Leerzeilen voneinander getrennt.

Während dieses Format etwas schwerer zu bearbeiten ist – so muss z. B. beim Anfügen einer Sequenz die gesamte Datei eingelesen neu geschrieben werden –, ist dieses Format intuitiv verständlich und sofort als MSA zu erkennen. Somit ist es für Anwendungen, die „manuell" ausgewertet werden, besonders geeignet. Allerdings enthält dieses Format unter Umständen weniger Informationen als das FASTA-Format. Genau wie dieses bietet das Clustal-Format keine Möglichkeit, hier Metadaten wie z. B. berechnete Qualitätswerte zu speichern. Außerdem können die Deskriptorzeilen des FASTA-Formats Informationen enthalten, die im Clustal-Format keinen Platz hätten.

MSF

Das *Multiple Sequence Format* (MSF) wurde mit der inzwischen nicht mehr genutzten Genomics Computer Group Suite eingeführt und ist somit eines der ältesten Formate für MSAs.

```
!!AA_MULTIPLE_ALIGNMENT 1.0

 stdout MSF: 131 Type:  P 16/01/02 CompCheck:  3003 ..

 Name:  IXI_234 Len:  131 Check:  6808 Weight:  1.00
 Name:  IXI_235 Len:  131 Check:  4032 Weight:  1.00
 Name:  IXI_236 Len:  131 Check:  2744 Weight:  1.00
 Name:  IXI_237 Len:  131 Check:  9419 Weight:  1.00

//

          1                                         41
IXI_234   TSPASIRPPAGPSSRPAMVSSRRTRPSPPGPRRPTGRPCCS
IXI_235   TSPASIRPPAGPSSR.........RPSPPGPRRPTGRPCCS
IXI_236   TSPASIRPPAGPSSRPAMVSSR..RPSPPPPRRPPGRPCCS
IXI_237   TSPASLRPPAGPSSRPAMVSSRR.RPSPPGPRRPT....CS

          42                                        82
IXI_234   AAPRRPQATGGWKTCSGTCTTSTSTRHRGRSGWSARTTTAA
IXI_235   AAPRRPQATGGWKTCSGTCTTSTSTRHRGRSGW........
IXI_236   AAPPRPQATGGWKTCSGTCTTSTSTRHRGRSGWSARTTTAA
IXI_237   AAPRRPQATGGYKTCSGTCTTSTSTRHRGRSGYSARTTTAA

          83                                        123
IXI_234   CLRASRKSMRAACSRSAGSRPNRFAPTLMSSCITSTTGPPA
IXI_235   ..RASRKSMRAACSRSAGSRPNRFAPTLMSSCITSTTGPPA
IXI_236   CLRASRKSMRAACSR..GSRPPRFAPPLMSSCITSTTGPPP
IXI_237   CLRASRKSMRAACSR..GSRPNRFAPTLMSSCLTSTTGPPA

          124  131
IXI_234   WAGDRSHE
IXI_235   WAGDRSHE
IXI_236   PAGDRSHE
IXI_237   YAGDRSHE
```

Abb. 1.3 Ein MSA im MSF

MSAs im MSF sind denen im Clustal-Format sehr ähnlich, haben jedoch einen ausgedehnten Header (Abb. 1.3). Die erste Zeile beginnt mit !!AA bei Alignments von Proteinsequenzen und !!NA bei Nukleotidsequenzen (also DNA und RNA). Auf eine Leerzeile folgt dann eine Zeile mit globaler Information über das MSA in dieser Datei, wie z. B. die Länge der alignierten Sequenzen und dem Datum, an dem dieses Alignment erzeugt worden ist. Diese Zeile endet mit zwei Punkten. Nach einer weiteren Leerzeile folgen dann Informationen zu den einzelnen Sequenzen, die an dem MSA beteiligt sind. Das Alignment der so beschriebenen Sequenzen ist nach einer Trennungszeile (//) wie im Clustal-Format dargestellt.

Im Gegensatz zum FASTA- und Clustal-Format hat das MSF somit die Möglichkeit, sowohl sequenzspezifische als auch globale Informationen zu speichern. Somit eignet sich das MSF optimal für MSAs, die visuell bzw. „manuell" ausgewertet werden.

PHYLIP

Das PHYLIP-Softwarepaket (*PHYLogeny Inference Package*) wird zur Erstellung und Analyse von Phylogenien auf der Basis von Sequenzdaten genutzt und gehört zu den meistverbreiteten Programmen und Programmpaketen auf diesem Gebiet [7]. Mit der ersten Veröffentlichung dieser Software-Suite wurde auch das PHYLIP-Format für MSAs eingeführt, das eine minimale, *interleaved* Darstellung von MSAs ist.

Das PHYLIP-Format beginnt mit einem minimalen Header, der aus zwei von einem Leerzeichen getrennten Zahlen besteht (Abb. 1.4). Die erste der beiden Zahlen gibt die Anzahl der Sequenzen in dem MSA an, die zweite Zahl die Länge der Sequenzen im Alignment mit Lückenzeichen. Darauf folgt die Darstellung des MSAs. Wie auch im Clustal-Format sind die Sequenzen *interleaved*, der Identifier der jeweiligen Sequenz ist jedoch nur in dem ersten Abschnitt des Alignments angegeben und wird, wenn die Sequenzen umgebrochen werden, nicht wiederholt. Dieser Identifier kann maximal zehn Zeichen lang sein, da die Sequenzen immer an Position 11 der jeweiligen Zeile beginnen. Zur besseren Lesbarkeit ist im MSA nach jeweils zehn Buchstaben ein Leerzeichen positioniert.

```
  4 131
IXI_234   TSPASIRPPA GPSSRPAMVS SRRTRPSPPG PRRPTGRPCC
IXI_235   TSPASIRPPA GPSSR----- ----RPSPPG PRRPTGRPCC
IXI_236   TSPASIRPPA GPSSRPAMVS SR--RPSPPP PRRPPGRPCC
IXI_237   TSPASLRPPA GPSSRPAMVS SRR-RPSPPG PRRPT----C

          SAAPRRPQAT GGWKTCSGTC TTSTSTRHRG RSGWSARTTT
          SAAPRRPQAT GGWKTCSGTC TTSTSTRHRG RSGW------
          SAAPRRPQAT GGWKTCSGTC TTSTSTRHRG RSGWSARTTT
          SAAPRRPQAT GGYKTCSGTC TTSTSTRHRG RSGYSARTTT

          AACLRASRKS MRAACSRSAG SRPNRFAPTL MSSCITSTTG
          ----RASRKS MRAACSRSAG SRPNRFAPTL MSSCITSTTG
          AACLRASRKS MRAACSR--G SRPPRFAPPL MSSCITSTTG
          AACLRASRKS MRAACSR--G SRPNRFAPTL MSSCLTSTTG

          PPAWAGDRSH E
          PPAWAGDRSH E
          PPPPAGDRSH E
          PPAYAGDRSH E
```

Abb. 1.4 Ein MSA im PHYLIP-Format

Dieses Format ist schlicht; es enthält weder globale noch sequenzspezifische Informationen und versucht, die Menge der abgedruckten Zeichen zu minimalisieren, indem Wiederholungen vermieden werden. Dass z. B. der Header aus zwei Zahlen (und nur diesen) besteht, lässt sich einfach aus den beschränkten Möglichkeiten erklären, die in der Informatik herrschten, als dieses Format entwickelt wurde: Den damals gängigen Programmiersprachen musste vor Einlesen einer Datei zunächst mitgeteilt werden, wie viel Information eingelesen werden wird, da dieser Aufgabe ausreichend viel Speicherplatz zugeteilt werden musste. Heutzutage ist das in den meisten Fällen nicht mehr notwendig, da die weit verbreiteten „*high level*"-Programmiersprachen flexibler in ihrem Speicherplatzmanagement sind und die Speicherplatz- und Arbeitsspeichergrößen handelsüblicher Rechner um ein Vielfaches gewachsen ist. Trotzdem bringt die Schlichtheit und Rigidität des PHYLIP-Formats mit sich, leicht von MSA-Programmen les- und bearbeitbar zu sein.

NEXUS

Das NEXUS-Format wurde im Jahre 1989 als Standardformat für MSAs der PAUP-Suite (*Phylogenetic Analyses Using Parsinomy*) eingeführt [66]. Dieses Format wurde entwickelt, um den verschiedenen Programmen der Suite zu ermöglichen, auf dieselben Dateien zuzugreifen und verschiedene Informationen von dort zu lesen bzw. dort abzulegen.

Um das zu erreichen, ist das NEXUS-Format modular aufgebaut (Abb. 1.5). Nach einer einzigen Header-Zeile, die angibt, dass es sich um eine Datei im NEXUS-Format handelt, folgen sogenannte Blöcke (engl. *blocks*) von Informationen. Ein Block des Types xyz beginnt mit der Zeile begin xyz; und endet mit end;, dazwischen stehen die für diesen Typ notwendigen Informationen. Übliche Blocktypen sind z. B. data (enthält in diesem Fall das MSA) oder taxa (enthält Informationen über die Taxa bzw. Sequenzen in dem MSA), jedoch können auch

```
#NEXUS
begin data;
    dimensions ntax=4 nchar=131;
    format datatype=dna missing=? gap=-;
    matrix
        IXI_234   TSPASIRPPAGPSSRPAMVSSRRTRPSPPGPRRPTGRPCC
        IXI_235   TSPASIRPPAGPSSR--------RPSPPGPRRPTGRPCC
        IXI_236   TSPASIRPPAGPSSRPAMVSSR--RPSPPPPRRPPGRPCC
        IXI_237   TSPASLRPPAGPSSRPAMVSSR-RPSPPGPRRPT----C
    ;
end;
```

Abb. 1.5 Ein Ausschnitt aus einem MSA im NEXUS-Format. Die Sequenzen wurden zur besseren Darstellung gekürzt

neue, selbst definierte Blocktypen erstellt werden. Ein MSA im Nexus-Format beinhaltet minimal einen `data`-Block.

In diesem befinden sich neben dem MSA weitere Informationen wie z. B. die Anzahl, die Länge und der Typ der alignierten Sequenzen, außerdem, welches Symbol im MSA als Lückensymbol verwendet wird. Zusätzlich ist es möglich, Kommentare (in eckigen Klammern) in diese Dateien einzubringen, die von Programmen ignoriert werden. Das MSA selbst wird *interleaved* und ohne Zeilenumbrüche dargestellt. Die Sequenzen tragen, wie im PHYLIP-Format, ihre Identifier am Anfang der Zeile.

Das NEXUS-Format ermöglicht durch seinen modularen Aufbau, alle globalen und sequenzspezifischen Informationen zu speichern. Außerdem können diese so gespeichert werden, dass verschiedene Programme auf sie zugreifen und somit auch nutzen können. Jedoch werden NEXUS-Formate nicht von vielen MSA-Programmen unterstützt, da der Programmieraufwand hierzu größer ist als bei einfacheren Formaten wie z. B. dem Clustal- oder FASTA-Format.

Baumformate

Wie wir in Abschn. 2.3.2, im Paragraphen *„Erzeugung des guide trees"*, sehen werden, wird von einigen MSA-Programmen bei der Erzeugung des Alignments ein sogenannter *guide tree* erzeugt, der als Annäherung an die evolutionären Verwandtschaftsverhältnisse der Sequenzen betrachtet werden kann. Aus einem fertigen MSA können noch genauere Informationen über die Taxonomie der Sequenzen entnommen werden, weswegen MSAs standardmäßig für die Analyse von DNA- und Proteinsequenzevolution genutzt werden. Deswegen wurden Baumformate entwickelt, die MSAs so darstellen, dass diese evolutionären Zusammenhänge klar sichtbar werden.

Hier kann unterschieden werden zwischen Kladogramm-Formaten, die allein als grafische Darstellung dienen und solchen, die in einem späteren Verarbeitungsschritt erneut von einem Computerprogramm eingelesen werden müssen. In Letzterem wird häufig das Newick-Format eingesetzt; wie in Abb. 1.6 dargestellt, ist dieses Format nicht intuitiv lesbar. Gemeinsam haben die vielen Varianten des Newick-Formats die Positionierung der Klammern, die die Daten so strukturieren, wie in Abb. 1.7 grafisch dargestellt ist.

Abb. 1.6 Ein Kladogramm
im Newick-Format

```
(
(
IXI_236:0.04807,
IXI_237:0.04136)
:0.01139,
IXI_234:-0.00435,
IXI_235:0.01328);
```

IXI_236 0.04807
IXI_237 0.04136
IXI_234 -0.00435
IXI_235 0.01328

Abb. 1.7 Ein Kladogramm, generiert mit dem Webserver von Clustal Omega (https://www.ebi. ac.uk/Tools/msa/clustalo/)

Tab. 1.1 Eine unvollständige Auflistung von Visualisierungsprogrammen von MSAs

Name	Typ	Quelle	Referenz
ClustalX	Offline	https://www.clustal.org/clustal2/	[55]
Jalview	Offline, Webtool	https://www.jalview.org	[126]
UGENE	Offline, Suite	http://ugene.net/	[82]
AliView	Offline	https://www.ormbunkar.se/aliview/	[56]
Seaview	Offline	http://doua.prabi.fr/software/seaview	[33]
IGB	Offline	http://bioviz.org/igb/	[28]

Aus diesen Baumstrukturen können die zugrunde liegenden MSAs im Allgemeinen nicht ausgelesen werden. Informationen wie z. B. die Positionierung von Lücken gehen bei dieser Darstellungsform verloren, da das Kladogramm (üblicherweise) allein auf der Basis von Sequenzvergleichen generiert wird (wie in Abschn. 2.3.2 im Paragraphen „*Erzeugung des guide trees*" beschrieben). Somit sind Kladogramme nicht als allgemeines Speicherformat von MSAs geeignet, jedoch zur evolutionären Analyse und Auswertung von MSAs sehr hilfreich.

Grafische Visualisierungen

Wie wir bei der Beschreibung der MSA-Formate gesehen haben, sind die meisten von ihnen entweder nicht gut lesbar, enthalten nicht allzu viele weitergehende Informationen oder sind nicht weiträumig unterstützt. Um das auszugleichen und um die Arbeit mit MSAs zu erleichtern, wurden Programme entwickelt, die MSAs grafisch darstellen. Eine Aufzählung einiger weithin gebräuchlicher und kostenlos nutzbarer Visualisierungsprogramme findet sich in Tab. 1.1, größere Aufzählungen finden sich im Internet, z. B. auf Wikipedia unter http://en.wikipedia.org/wiki/List_of_alignment_visualization_software. Da diese Programme zwar im Prinzip ähnlich aufgebaut sind, aber dennoch wichtige Unterschiede in der Benutzung aufweisen, würde eine nähere Beschreibung der Programme den Rahmen dieses Buches sprengen; deswegen sollen hier nur einige allgemeine Funktionen aufgezählt werden.

Diese graphischen Darstellungen verstärken die Lesbarkeit der Alignments durch verschiedene, auswählbare Farbschemata. Beispiele hierfür finden sich in Abb. 1.8: Im obersten Bildabschnitt sehen wir ein MSA, bei dem jede Aminosäure einer Farbe zugeteilt ist; im zweiten Bildabschnitt dient die oberste Sequenz des MSA als Vorlage, und nur die Abweichungen von dieser in den anderen Sequenzen sind farblich markiert; im dritten Bildabschnitt sind jene Aminosäuren farblich markiert,

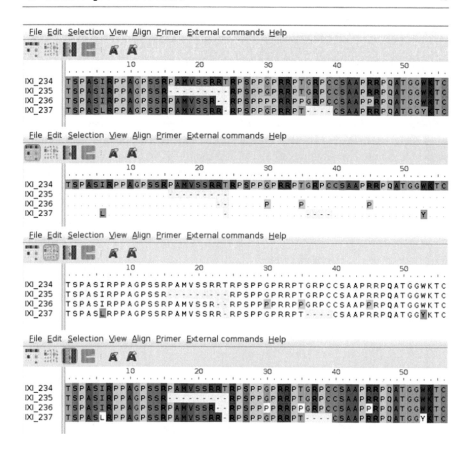

Abb. 1.8 Ein Beispiel für MSA-Visualisierungen: verschiedene Farbeinstellungen im Programm AliView

die von der häufigsten an dieser Stelle vorgefundenen Aminosäure abweichen; im vierten Bildabschnitt, schließlich, ist die Darstellung des ersten Bildabschnittes kopiert, jedoch stechen hier die abweichenden Aminosäuren auf Grund einer weißen Hinterlegung aus dem Alignment heraus. Diese Farbschemata sind jene, die im Programm AliView implementiert sind; andere Visualisierungsprogramme besitzen andere Farbschemata.

Diese farblichen Hervorhebungen können auf Details aufmerksam machen, die in der einfachen Darstellung übersehen worden wären, wie z. B. einzelne *mismatches*. Das wird offensichtlich, wenn man die farblich unterlegten MSAs in Abb. 1.8 mit der Darstellung z. B. im Clustal-Format (Abb. 1.2) vergleicht. Für die manuelle Inspektion und Bewertung von MSAs sind Visualisierungsprogramme somit zu empfehlen.

Die Programme in Tab. 1.1 haben außerdem weitere Funktionen, die die Arbeit mit MSAs erleichtern. Zum Beispiel sind in vielen dieser Visualisierungsprogramme Funktionen integriert, die MSAs erzeugen können. Das bedeutet, dass es bei diesen Programmen nicht notwendig ist, Nukleotid- oder Aminosäuresequenzen vor der Darstellung mit eigenständigen MSA-Programmen zu alignieren. Die dabei genutzten MSA-Programme gehören fast ausschließlich zu der Gruppe der Programme, die im Abschn. 5.3 gut abschneiden.

Außerdem bieten viele der Programme die Möglichkeit, die dargestellten MSAs manuell und nachträglich zu verändern. Das kann sinnvoll sein, wenn das Alignment nicht zu Erfahrungswerten und aus der Literatur bekannten Sachverhalten passt und somit ein Alignmentfehler wahrscheinlich ist. Wie im Abschn. 2.3.1 beschrieben, liefern MSA-Programme lediglich Annäherungen an das optimale Alignment, wodurch hin und wieder (ein recht subjektives) Fingerspitzengefühl zur Nachjustierung eines MSAs notwendig wird. Dabei sorgen Visualisierungsprogramme oft dafür, dass durch die manuellen Eingriffe keine falschen Alignments entstehen.

Wie funktionieren MSA-Programme?

2

2.1 Einleitung

Wie gut ein MSA-Programm dafür geeignet ist, eine bestimmte Sammlung von Sequenzen zu alignieren, hängt stark damit zusammen, wie es funktioniert. Dieses Kapitel soll dazu dienen, einen groben Überblick über die Methoden des multiplen Sequenzalignments zu geben. Dazu werden wir uns im Abschn. 2.2 zunächst anschauen, wie Sequenzpaare aneinander aligniert werden. Im Abschn. 2.3 werden wir dann beleuchten, wie diese Methodik auf Datensätze mit mehr als zwei Sequenzen ausgeweitet werden kann, welche Probleme dabei auftreten und wie sie umgangen werden. Jedoch würden detailliertere Erklärungen zur Funktionsweise der einzelnen Programme hier den Rahmen sprengen; diese finden sich in Kap. 3.

2.2 Paarweise Sequenzalignments

2.2.1 Eine naive Methode

Nehmen wir an, wir hätten zwei DNA-Sequenzen, (*a*) AGTTGCTAA und (*b*) AGTAGCTTA, und möchten das optimale Alignment dieser beiden Sequenzen finden. Wir könnten jetzt spontan so vorgehen, dass wir anhand der ersten Sequenz von vorne durch die zweite DNA-Sequenz durchgehen und so unter die erste schreiben, dass das Ergebnis dem Augenmaß nach passt. So könnten wir z. B. folgendes Alignment erzeugen:

```
AGTT-GCTAA
AGT-AGCTTA
```

© Springer-Verlag GmbH Deutschland, ein Teil von Springer Nature 2019
T. Sperlea, *Multiple Sequenzalignments*,
https://doi.org/10.1007/978-3-662-58811-6_2

Allerdings aber auch z. B. folgendes:

```
AGTTGCT-AA
AGTAGCTTA-
```

Oder z. B. folgendes Alignment:

```
AGT---TGCTAA
AGTAGCT--TA-
```

Mit dieser Methode können wir in recht kurzer Zeit einige verschiedene Alignments erzeugen. Da wir aber das eine optimale Alignment und nicht eine Menge von möglichen Alignments erhalten wollten, ist dieses Vorgehen nicht allzu hilfreich. Man könnte zwar nun diese verschiedenen Alignments bewerten und dann das Alignment mit der höchsten Wertung als optimales Alignment weiter nutzen, jedoch müsste man dafür zunächst jedes mögliche Alignment generieren. Das würde jedoch recht lange dauern und ist sehr speicherintensiv. Das bedeutet, dass die Länge der alignierten Sequenzen bei dieser Herangehensweise stark beschränkt wäre.

    Da wir eine Methode suchen, die Paare komplett beliebiger Sequenzen miteinander alignieren kann und dabei das jeweilige optimale Alignment erzeugt, müssen wir einsehen, dass diese naive Herangehensweise dafür nicht geeignet ist. Allerdings wurden Methoden entwickelt, die dieses Problem auf eine nicht-triviale Weise lösen. Diese werden wir uns im folgenden Abschnitt anschauen.

2.2.2   Dynamic Programming

Der erste Algorithmus, der Paare von Aminosäure- oder DNA-Sequenzen aligniert und garantiert das bestmögliche Ergebnis produziert, wurde um das Jahr 1970 entwickelt [74]. Dieser Needleman-Wunsch-Algorithmus wird weiterhin flächendeckend eingesetzt, sodass er uns im weiteren Verlauf dieses Buches immer wieder begegnen wird. Dieser Algorithmus ist einer der ersten Situationen, in denen ein *dynamic programming* genannter Programmierstil für bioinformatische Probleme eingesetzt wurde. Bei diesem Programmierstil werden größere Aufgaben so aufgeteilt, dass die Teilaufgaben nur einmal gelöst werden müssen, auch wenn sie häufiger vorkommen. Das führt zwar dazu, dass die Algorithmen dieses Stils schneller sind (bzw. überhaupt in realistischen Zeiträumen ablaufen), aber auch dazu, dass sie nicht-trivial sind, dass also ein wenig um die Ecke gedacht werden muss, um sie zu verstehen.

Die zwei Phasen des Algorithmus
Der Needleman-Wunsch-Algorithmus läuft in zwei Phasen ab: In der ersten wird eine Matrix, also eine Tabelle, mit Zahlen gefüllt. Diese Matrix kann man sich wie ein Labyrinth vorstellen, bei dem in dieser Phase bestimmt wird, wie schwer es ist,

	A	G	T	T	G	C	T	A	A
0									
A									
G									
T									
A									
G									
C									
T									
T									
A									

(a)

	A	G	T	T	G	C	T	A	A
	0	-1	-2	-3	-4	-5	-6	-7	-8	-9
A	-1	1	0	-1	-2	-3	-4	-5	-6	-7
G	-2	0	2	1	0	-1	-2	-3	-4	-5
T	-3	-1	1	3	2	1	0	-1	-2	-3
A	-4	-2	0	2	1	1	0	-1	0	-1
G	-5	-3	-1	1	3	2	1	0	-1	-1
C	-6	-4	-2	0	2	1	3	2	1	0
T	-7	-5	-3	-1	1	0	2	4	3	2
T	-8	-6	-4	-2	0	0	1	3	2	1
A	-9	-7	-5	-3	-1	-1	0	2	4	3

(b)

	A	G	T	T	G	C	T	A	A
•	←	←	←	←	←	←	←	←	←
A	↑	↖	←	←	←	←	←	←	←
G	↑	↑	↖	←	←	←	←	←	←
T	↑	↑	↑	↖	←	←	←	←	←
A	↑	↑	↑	↑	↖	↖	←	←	←
G	↑	↑	↑	↑	↖	←	←	←	←	↖
C	↑	↑	↑	↑	↑	↖	↖	←	←
T	↑	↑	↑	↑	↑	↑	↑	↖	←	←
T	↑	↑	↑	↑	↑	↖	↑	↑	↑	↖
A	↑	↑	↑	↑	↑	↑	↑	↑	↖	←

(c)

Abb. 2.1 Ein Beispiel für die Matrix, die im Needleman-Wunsch-Algorithmus genutzt wird, (**a**) vor und (**b**) nach dem Befüllen im ersten Schritt des Algorithmus. (**c**) Pfeile geben die Richtung des Schrittes an, der im zweiten Schritt des Algorithmus nach Besuchen eines Feldes durchgeführt wird. Der optimale Weg ist durch rot hervorgehobene Pfeile markiert

von einem Raum in den nächsten zu gelangen. In der zweiten Phase wird dann der einfachste Weg durch das Labyrinth durchlaufen. Das optimale Alignment ergibt sich schließlich wie am roten Faden der antiken Sage anhand des Weges, der gewählt wurde, um zum Ausgang des Labyrinths zu gelangen.

Da die Matrix das Verhältnis der beiden alignierten Sequenzen darstellt, ist ihre Größe durch die Länge dieser Sequenzen bestimmt: Neben einer unbenannten Spalte und Reihe, gibt es für jede Position in Sequenz *a* eine Spalte und für jede Position in Sequenz *b* eine Reihe (s. Abb. 2.1). In das Feld am linken Rand der obersten Reihe der Matrix wird eine Null eingetragen, die übrigen Felder werden dann von dort aus beginnend reihenweise gefüllt.

1. Phase: Füllen der Matrix

Dabei kommen für jedes Feld vier verschiedene Werte in Frage, wobei nur der größte dieser möglichen Werte in das Feld eingetragen wird. Dabei sind die Werte stark davon abhängig, welche Buchstaben der Reihe und Spalte vorstehen:

I Falls diese Buchstaben identisch sind: der Wert aus dem Feld, welches sich
diagonal links-oberhalb des leeren Feldes befindet, plus einem Alignment-
Bonuswert,

II falls diese beiden Buchstaben nicht identisch sind: der Wert aus dem Feld,
dass sich diagonal links-oberhalb des leeren Feldes befindet, minus einem
mismatch-penalty-Wert,

III der Wert aus dem Feld links des freien Feldes minus der sogenannten *gap
penalty* oder

IV der Wert aus dem Feld oberhalb des freien Feldes minus der *gap penalty*.

Wie wir gleich sehen werden, entsprechen diese recht theoretischen Möglichkeiten im finalen Alignment einem *match* (*I*), einem Alignment mit *mismatch*
zwischen den Buchstaben der Reihe und Spalte und somit einer Lücke in der
Sequenz, die die Reihen definiert (*II*) oder einer Lücke in der Sequenz, die die
Spalten definiert (*IV*). Mathematisch kann das so ausgedrückt werden:

$$
x_k^n = max \begin{cases} x_{(k-1)}^{(n-1)} + h, a_k == b_n \\ x_{(k-1)}^{(n-1)} - m, a_k! = b_n \\ x_{(k-1)}^n - g \\ x_k^{(n-1)} - g \end{cases} ,
\tag{2.1}
$$

wobei M die Matrix ist, x_k^n das Feld der Matrix M in Spalte k und Reihe n, h
der Alignment-Bonuswert, m der *mismatch-penalty*-Wert und g die *gap penalty*;
a und b sind weiterhin die beiden DNA-Sequenzen. Als Alignment-Bonuswert
wird meistens 1 genutzt, als *gap penalty* ist in diesem Beispiel 1 gesetzt (auf
diese *gap penalties* werden wir im Abschn. 2.2.3 in detaillierter eingehen). Die
gefüllte Matrix ist in der Abb. 2.1b dargestellt.

2. Phase: Erzeugung des Alignments

In der zweiten Phase des Algorithmus wird ein Weg durch die Matrix gesucht,
der durch möglichst viele Felder mit möglichst großen Zahlen hindurchführt.
Der Weg beginnt am Feld in der unteren, rechten Ecke der Matrix. Jeder Schritt
führt in das umgebende Feld, das den größten Wert trägt. Dieser Prozess erzeugt
bei unserem Beispiel den Weg, der in Abb. 2.1c dargestellt ist. Parallel zu jedem
Schritt wird das Alignment der beiden Sequenzen anhand der Richtungen der
Schritte aufgebaut. Wie bereits angedeutet, bedeuten diagonale Schritte, dass die
Buchstaben der Spalte und der Reihe des Zielfeldes untereinandergeschrieben
werden, also ein *mismatch* oder ein *match* erzeugt wird. Ein Schritt nach rechts
führt dazu, dass zwar der Buchstabe der Spalte des Zielfeldes in das Alignment
übernommen wird, jedoch in der Sequenz b eine Lücke eingefügt wird. Analog
dazu erzeugt ein Schritt nach oben eine Lücke in der Sequenz a, während der
Buchstabe der Zeile des Zielfeldes übernommen wird. Sollten mehrere Wege
durch die Matrix möglich sein, so ist garantiert, dass beide Wege die gleiche

Bewertung haben, sodass unwichtig ist, welcher der Wege gewählt wird. In unserem Beispiel führt diese Herangehensweise zu folgendem Alignment:

```
AG-TTGC-TAA

AGTA-GCTT-A
```

Allerdings haben wir bei dieser Beschreibung des Algorithmus ein paar Vereinfachungen betrieben und in Kauf genommmen, dass diese Ungenauigkeiten das Ergebnis verfälschen. Mit den hier unterschlagenen Details werden wir uns im nächsten Kapitel eingehender befassen.

2.2.3 Lücken und die Ähnlichkeitsmatrix

Nachdem wir nun grundsätzlich verstanden haben, wie der oben beschriebene Needleman-Wunsch-Algorithmus paarweise Sequenzalignments erzeugt, müssen wir einen Schritt zurücktreten und uns überlegen, ob dieser Ansatz Annahmen macht, die nicht mit der uns bekannten Realität biologischer Systeme übereinstimmen. Dabei fallen insbesondere zwei Punkte auf, die üblicherweise anders gelöst sind als sie im letzten Kapitel beschrieben wurden:

Gap Penalties
Zum einen sind das die *gap penalties*. In unserer Beschreibung führt eine Lücke (engl. *gap*) im Alignment zu derselben Negativbewertung wie ein *mismatch*. Negativbewertungen wie diese werden dafür genutzt, die Wahrscheinlichkeit darzustellen, dass es bei der Evolution der betrachteten Sequenzen zu Insertionen und Deletionen (die im Alignment Lücken erzeugen) oder Punktmutationen (die im Alignment *mismatches* erzeugen) kommt. Je größer die Negativbewertung, desto seltener wird ein *mismatch* oder eine Lücke im finalen Alignment auftauchen. Allerdings kommen in biologischen Sequenzen Punktmutationen viel häufiger vor als Insertionen und Deletionen. Außerdem sind Letztere in den seltensten Fällen nur eine Base bzw. eine Aminosäure lang.

Um dieser Erkenntnis Rechnung zu tragen, werden in den meisten Programmen, die Sequenzen paarweise alignieren, sogenannte affine *gap penalties* genutzt. Dazu werden unterschiedliche Werte an Stelle der *gap penalty* eingeführt: Ein recht hoher *gap-opening*-Strafwert und ein geringerer *gap-extension*-Strafwert, wodurch möglichst wenige, möglichst lange Lücken in den erzeugten Alignments entstehen werden. Übliche Werte für diese beiden Variablen sind z. B. 10 und 0.5. Mit diesen Werten würde folgendes Alignment erzeugt werden:

```
AGTTGCTAA

AGTAGCTTA
```

Wie man hier gut sehen kann, führen diese abgeänderten Strafwerte dazu, dass keine Lücken im Alignment eingebaut und stattdessen *mismatches* bevorzugt werden.

Substitutionsmatrizen

Neben den *gap penalties* ist aber auch die Bewertung von Treffern oder *mismatches*, die wir im vorherigen Kapitel vorgenommen haben, problematisch, besonders beim Alignment von Proteinsequenzen. Auch diese widerspiegeln eine Wahrscheinlichkeit: Die Wahrscheinlichkeit, dass ein Austausch einer Aminosäure durch eine bestimmte andere Aminosäure im Laufe der Evolution passiert. Im Gegensatz zu DNA-Sequenzen, bei denen alle möglichen Mutationen in etwa gleich wahrscheinlich sind, haben unterschiedliche Gruppen von Aminosäuren unterschiedlich hohe Substitutionswahrscheinlichkeiten. Das liegt daran, dass diese Gruppen von Aminosäuren ähnliche physikalische Eigenschaften haben; das Ersetzen einer Aminosäure durch eine andere Aminosäure aus derselben Gruppe schränkt oft die Funktion des Proteins nicht oder nur minimal ein. Proteine, die ihre Funktion durch eine solche Mutation verlieren, werden üblicherweise durch natürliche Selektion aus dem Genpool entfernt, funktionale Substitutionen bleiben jedoch erhalten.

Um diesen Sachverhalt besser zu modellieren, wird eine sogenannte Substitutionsmatrix (engl. *substitution matrix* oder *similarity matrix*) genutzt, die einen Wert für jeden möglichen Aminosäureaustausch enthält. Im Needleman-Wunsch-Algorithmus wird in jedem Schritt, in dem keine Lücke eingebaut wird, an Stelle des Alignment-Bonuswertes oder des *gap-penalty*-Wertes der Wert aus der Ähnlichkeitsmatrix eingesetzt.

Die BLOSUM-Matrix

Bei den Matrizen der BLOSUM-Reihe (BLOcks SUbstitution Matrix) sind diese Werte abgeleitet aus multiplen Sequenzalignments von homologen Proteinen [37]. Dabei werden nur diejenigen Abschnitte des Alignments genutzt, die keine Lücken beinhalten, also als Block vorliegen. Jeder der BLOSUM-Matrizen ist durch eine Zahl identifiziert, die die minimale Sequenzidentität der untersuchten Proteinsequenzen angibt. Das führt dazu, dass BLOSUM-Matrizen mit niedrigen Zahlen eher für (paarweise wie multiple) Alignments von evolutionär eher entfernten Sequenzen geeignet sind, wohingegen die Matrizen mit einer hohen Zahl für eng miteinander verwandte Sequenzen genutzt werden sollten. Die wahrscheinlich am häufigsten genutzte dieser Matrizen, BLOSUM62, ist in Abb. 2.2 zu sehen.

Die PAM-Matrix

Ähnlich weit verbreitet sind die Substitutionsmatrizen der PAM-Reihe (*Point Accepted Mutation*). Hier werden zur Berechnung der Werte der Matrizen Sequenzen herangezogen, die mit maximal einer bestimmten Anzahl an Punktmutationen pro 100 Aminosäuren evolutionär ineinander überführt werden könnten. Diese Anzahl der Punktmutationen wird, wie bei den BLOSUM-Matrizen, mit dem Namen der Matrix angegeben. Im Gegensatz zu den BLOSUM-Matrizen deuten hier jedoch niedrige Zahlen auf eine hohe evolutionäre Nähe und große Zahlen auf evolutionäre Distanz hin. Als Beispiel ist in Abb. 2.3 die PAM250-Matrix dargestellt.

Neben den Matrizen der BLOSUM- und PAM-Reihen existieren viele weitere, spezialisierte Substitutionsmatrizen. Die Frage, welche dieser Matrizen bei einem spezifischen paarweisen Sequenzalignment genutzt werden sollte, kann hier nicht

	A	R	N	D	C	Q	E	G	H	I	L	K	M	F	P	S	T	W	Y	V
A	4																			
R	-1	5																		
N	-2	0	6																	
D	-2	-2	1	6																
C	0	-3	-3	-3	9															
Q	-1	1	0	0	-3	5														
E	-1	0	0	2	-4	2	5													
G	0	-2	0	-1	-3	-2	-2	6												
H	-2	0	1	-1	-3	0	0	-2	8											
I	-1	-3	-3	-3	-1	-3	-3	-4	-3	4										
L	-1	-2	-3	-4	-1	-2	-3	-4	-3	2	4									
K	-1	2	0	-1	-3	1	1	-2	-1	-3	-2	5								
M	-1	-1	-2	-3	-1	0	-2	-3	-2	1	2	-1	5							
F	-2	-3	-3	-3	-2	-3	-3	-3	-1	0	0	-3	0	6						
P	-1	-2	-2	-1	-3	-1	-1	-2	-2	-3	-3	-1	-2	-4	7					
S	1	-1	1	0	-1	0	0	0	-1	-2	-2	0	-1	-2	-1	4				
T	0	-1	0	-1	-1	-1	-1	-2	-2	-1	-1	-1	-1	-2	-1	1	5			
W	-3	-3	-4	-4	-2	-2	-3	-2	-2	-3	-2	-3	-1	1	-4	-3	-2	11		
Y	-2	-2	-2	-3	-2	-1	-2	-3	2	-1	-1	-2	-1	3	-3	-2	-2	2	7	
V	0	-3	-3	-3	-1	-2	-2	-3	-3	3	1	-2	1	-1	-2	-2	0	-3	-1	4

Abb. 2.2 BLOSUM62-Matrix. Die Matrix ist nur halb gefüllt, weil sie symmetrisch ist; die obere Matrizenhälfte ist lediglich eine Wiederholung der Werte der unteren Hälfte

im Detail behandelt werden, da sich dieses Buch auf multiple Sequenzalignments konzentriert. Jedoch ist diese Frage in einigen Veröffentlichungen bearbeitet worden, auf die hier verwiesen sei [87, 121].

Die EDNAFULL-Matrix
In den meisten DNA-Alignierprogrammen wird eine Substitutionsmatrix mit dem Namen EDNAFULL eingesetzt (s. Abb. 2.4). Dort hat sie jedoch nicht den Zweck, *in naturam* beobachtete Substitutionswahrscheinlichkeiten genauer darzustellen, sondern um das erweiterte Alphabet degenerierter Gensequenzen nutzen zu können. Solche degenerierten Basen können z. B. auftreten, wenn bei der Sequenzierung an einer Stelle der Sequenz nicht mit ausreichend hoher Gewissheit ausgesagt werden kann, welches Nukleotid vorliegt. Diese Ambiguität kann durch degenerierte Basen recht genau dargestellt werden.

2.2.4 Globale und lokale Alignments

Mit den Modifikationen, die im letzten Kapitel beschrieben wurden, eignet sich der Needleman-Wunsch-Algorithmus hervorragend für Alignments, bei denen die Sequenzen, die aligniert werden sollen, in etwa dieselbe Länge haben und davon

	A	R	N	D	C	Q	E	G	H	I	L	K	M	F	P	S	T	W	Y	V
A	13																			
R	3	17																		
N	4	4	6																	
D	5	4	8	11																
C	2	1	1	1	52															
Q	3	5	5	6	1	10														
E	5	4	7	11	1	9	12													
G	12	5	10	10	4	7	9	27												
H	2	5	5	4	2	7	4	2	15											
I	3	2	2	2	2	2	2	2	2	10										
L	6	4	4	3	2	6	4	3	5	15	34									
K	6	18	10	8	2	10	8	5	8	5	4	24								
M	1	1	1	1	0	1	1	1	1	2	3	2	6							
F	2	1	2	1	1	1	1	1	3	5	6	1	4	32						
P	7	5	5	4	3	5	4	5	5	3	3	4	3	2	20					
S	9	6	8	7	7	6	7	9	6	5	4	7	5	3	9	10				
T	8	5	6	6	4	5	5	6	4	6	4	6	5	3	6	8	11			
W	0	2	0	0	0	0	0	0	1	0	1	0	0	1	0	1	0	55		
Y	1	1	2	1	3	1	1	1	3	2	2	1	2	15	1	2	2	3	31	
V	7	4	4	4	4	4	4	5	4	15	10	4	10	5	5	5	7	2	4	17

Abb. 2.3 PAM250-Matrix. Die Matrix ist nur halb geüllt, weil sie symmetrisch ist; die obere Matrizenhälfte ist lediglich eine Wiederholung der Werte der unteren Hälfte

	A	T	G	C	S	W	R	Y	K	M	B	V	H	D	N
A	5														
T	-4	5													
G	-4	-4	5												
C	-4	-4	-4	5											
S	-4	-4	1	1	-1										
W	1	1	-4	-4	-4	-1									
R	1	-4	1	-4	-2	-2	-1								
Y	-4	1	-4	1	-2	-2	-4	-1							
K	-4	1	1	-4	-2	-2	-2	-2	-1						
M	1	-4	-4	1	-2	-2	-2	-2	-4	-1					
B	-4	-1	-1	-1	-1	-3	-3	-1	-1	-3	-1				
V	-1	-4	-1	-1	-1	-3	-1	-3	-3	-1	-2	-1			
H	-1	-1	-4	-1	-3	-1	-3	-1	-3	-1	-2	-2	-1		
D	-1	-1	-1	-4	-3	-1	-1	-3	-1	-3	-2	-2	-2	-1	
N	-2	-2	-2	-2	-1	-1	-1	-1	-1	-1	-1	-1	-1	-1	-1

Abb. 2.4 EDNAFULL-Matrix

ausgegangen werden kann, dass sie auf der vollen Sequenzlänge aligniert werden können. Solche Alignments nennt man globale Alignments. Soll aber z. B. die Position einer bestimmten Domäne in einem Protein herausgefunden werden, so ist ein anderer Algorithmus notwendig. Das liegt daran, dass hier eine recht kurze Sequenz mit der viel längeren Sequenz des Proteins aligniert werden soll. Für solche lokalen Alignments wurde im Jahre 1981 der bis heute genutzte Smith-Waterman-Algorithmus entwickelt [104].

Der Smith-Waterman-Algorithmus

Der Smith-Waterman-Algorithmus ist eine modifizierte Version des Needleman-Wunsch-Algorithmus (s. Abschn. 2.2.2). Beim Befüllen der Matrix werden negative Werte durch Nullen ersetzt. Das führt unter anderem dazu, dass die oberste Reihe und die linke Spalte (die nicht durch Aminosäuren oder Nukleotide beschrieben sind) komplett mit Nullen gefüllt werden. Die alignierten Sequenzen werden dann von dem höchsten Wert in der Matrix ausgehend aus der Matrix ausgelesen, und nicht von der rechten, unteren Ecke aus, wie oben beschrieben. Der Weg, auf dessen Weg das optimale lokale Alignment liegt, geht dann, den höchsten Werten folgend, bis zum ersten Feld, das als Wert eine Null trägt. Sollte neben dem so erhaltenen optimalen Alignment nach weiteren alignierten Abschnitten gesucht werden, dann kann ausgehend vom zweithöchsten (dritt-, vierthöchsten etc.) ein weiterer Weg durch die Matrix gesucht werden. Das kann z. B. notwendig sein, wenn nach Wiederholungen einer Aminosäuresequenz in einem größeren Protein gesucht wird.

Die Grundlagen dieser beider Algorithmen werden uns im folgenden Abschnitt wieder begegnen, wenn wir unter die Lupe nehmen, wie MSA-Programme funktionieren.

2.3 Multiple Sequenzalignments

2.3.1 Das zentrale Problem

Im Prinzip sollte es einfach sein, die Algorithmen für paarweise Sequenzalignments so zu erweitern, dass sie auch für mehr als zwei Sequenzen anwendbar sind. Man müsste nur jede einzelne Sequenz mit jeder anderen Sequenz alignieren und dann diese Einzelalignments zusammenführen. Leider liegt genau in diesen Einzelalignments das große Problem, das diesen naiven Ansatz unmöglich macht: Die Anzahl der Vergleiche steigt überproportional mit der Anzahl der Sequenzen. Während bei zwei Sequenzen nur ein Vergleich vorzunehmen ist, sind es bei drei Sequenzen zwei, bei vier sechs, bei fünf bereits schon 24. Mathematisch ausgedrückt hängt die Anzahl der Vergleiche N wie folgt von der Anzahl der Sequenzen S ab:

$$N = (S - 1)! \tag{2.2}$$

Das bedeutet, dass die Anzahl der Sequenzvergleiche sehr schnell so stark anwächst, dass es unmöglich wird, diese Berechnungen für etwas größere Sequenzmengen mit herkömmlichen Rechnern durchzuführen. Wir stehen hier also vor einem großen Problem: Die Algorithmen, die wir haben, um akkurate Sequenzalignments zu generieren, sind nur auf Sequenzpaare anwendbar.

Um dieses Problem zu umgehen, wurden verschiedene Ansätze entwickelt, die in verschiedenen Programmen im Detail unterschiedlich umgesetzt und kombiniert werden können. Im Folgenden werden wir uns nur die vier am weitesten verbreiteten Methoden anschauen und auf die Details der Implementierungen der verschiedenen Programme im Kap. 3 eingehen.

2.3.2 Lösung 1: Die progressive Methode

Die progressive Methode, die im Jahre 1984 zum ersten Mal beschrieben wurde, macht multiple Sequenzalignments möglich, indem die Anzahl der genutzten paarweisen Sequenzvergleiche auf ein Minimum reduziert wird [42]. Dazu wird ein zweistufiges Verfahren eingesetzt.

Erzeugung des guide Trees

Im ersten Schritt werden die Sequenzen anhand ihrer Ähnlichkeit zueinander in einem *guide tree* angeordnet. Zur Berechnung dieser Ähnlichkeiten darf hier nicht auf paarweise Sequenzalignments zurückgegriffen werden, da sich sonst das Problem der Menge der Vergleiche wieder ergibt. In den meisten Fällen wird hier stattdessen die sogenannte k-mer-Distanz berechnet. Für diese wird in den Sequenzen gezählt, wie häufig die verschiedenen Sequenzabschnitte der Länge k vorkommen und dann berechnet, inwiefern diese Zahlen der Sequenzen voneinander abweichen. Mit einem Clustering-Algorithmus wie z. B. UPGMA wird schließlich eine Hierarchie der Sequenzen berechnet, die als ein Baum dargestellt werden kann.

Generierung des MSAs

Der *guide tree* dient dann im zweiten Schritt dazu, anzugeben, in welcher Reihenfolge die einzelnen Sequenzen aligniert werden. Zunächst werden die beiden Sequenzen mit der höchsten Ähnlichkeit aligniert; an das entstandene Alignment werden dann progressiv die anderen Sequenzen angelagert. Nach dem Anlagern wird häufig ein sogenanntes Sequenzprofil oder eine Konsensus-Sequenz berechnet, die die bisher alignierten Sequenzen in nachgelagerten Arbeitsschritten vertritt und somit die Komplexität des Aufbaus des MSAs reduziert.

Jeder der Alignment-Schritte kann im Prinzip wie ein paarweises Sequenzalignment, also z. B. unter Nutzung des Needleman-Wunsch-Algorithmus, durchgeführt werden (s. Abschn. 2.2.2). Auf diese Weise wird die Anzahl der paarweisen Vergleiche auf die Anzahl der genutzten Sequenzen und somit auf ein Minimum reduziert. Die Programme, die diesen Ansatz nutzen, gehören deswegen auch zu den schnellsten MSA-Programmen.

Probleme der progressiven Methode

Allerdings sind die so produzierten Alignments nicht notwendigerweise korrekt bzw. optimal. Das liegt daran, dass sich in frühen Stadien des zweiten Schrittes gemachte Fehler „fortpflanzen"; sollte z. B. bei dem Alignment der fünften Sequenz des Baumes eine Lücke eingebaut werden, dann ist es wahrscheinlich, dass diese Lücke auch im endgültigen Alignment zu finden ist, auch wenn diese Lücke dort nicht die optimale Entscheidung wäre.

2.3.3 Lösung 2: Die iterative Methode

Das zentrale Manko der progressiven Methode (Fehler werden durch die progressiven Alignmentschritte weitergereicht) wurde bereits in dem Paper erkannt und angegangen, in dem diese beschrieben wurde [42]. Um nicht in dieser Sackgasse zu landen, bietet es sich an, den Alignment-Schritt der progressiven Methode nicht streng progressiv zu gestalten, sondern wiederholtermaßen bereits alignierte Sequenzgruppen auseinanderzunehmen und erneut zu alignieren. Mit diesen Iterationen wird dann der früh eingebaute Fehler aus dem MSA entfernt. Die Iterationen werden wiederholt, bis eine Funktion, die die Qualität des Alignments berechnet (eine sogenannte Zielfunktion, engl. *objective function*), einen bestimmten Zielwert erreicht. Die Programme, die diese Methode nutzen, sind etwas langsamer als Programme der progressiven Methode, liefern aber akkuratere Alignments. Die iterative Methode wird z. B. von den Programmen MUSCLE, DIALIGN und PPRP genutzt.

2.3.4 Lösung 3: Die konsistenzbasierte Methode

Wie auch die iterative Methode (s. Abschn. 2.3.3), ist die konsistenzbasierte (engl. *consistency-based*) Methode, die 1980 das erste Mal beschrieben wurde, eine Abwandlung der progressiven Methode [31]. Hier wird versucht, das Entstehen von falschen Alignments im Vornherein zu vermeiden. Dazu werden vor dem Schritt, in dem die Sequenzen aligniert werden, konsistente Regionen in den Sequenzen gesucht. Konsistente Regionen sind Sequenzabschnitte, die in allen oder möglichst vielen Sequenzen zusammenhängend vorkommen und somit evolutionär konserviert sind. Die konsistenten Regionen dienen als Ankerpunkte für das Alignment der restlichen Sequenzen; um diese Ankerpunkte herum wird das finale Alignment progressiv aufgebaut, die Ankerpunkte bleiben aber in jedem Fall aligniert. Die Methode zum Finden der Ankerpunkte unterscheidet sich von Programm zu Programm. Algorithmen, die die konsistenzbasierte Methode nutzen (wie z. B. ProbCons, T-Coffee), erzeugen bessere Alignments, sind aber auch etwas langsamer als die, die nur die progressive Methode nutzen.

2.3.5   Lösung 4: Die probabilistische Methode

Die Methoden, die wir uns bisher angeschaut haben, basieren letztlich alle auf derselben Grundlage: Der Erstellung eines *guide trees* auf der Basis von PSAs, die wiederum mit Hilfe von Substitutionsmatrizen und dem Needleman-Wunsch-Algorithmus erzeugt worden sind. Im Gegensatz dazu baut die probabilistische Methode die PSAs, die für den progressiven Schritt der Erzeugung eines MSAs notwendig sind, auf der Basis geschätzter Werte auf.

Dazu werden nicht-triviale Algorithmen, sogenannte *hidden markov models* (HMMs), eingesetzt. HMMs sind Graphstrukturen, in denen ein Knoten für einen Zustand steht und jede Verbindung zweier Knoten eine Übergangswahrscheinlichkeit zwischen den beiden Zuständen, die sie verbindet, trägt. Diese HMMs tragen die Bezeichung *hidden*, also versteckt, da die Zustände nicht direkt für messbare Sachverhalte eines beobachteten Systems stehen, sondern wiederum nur Wahrscheinlichkeiten für bestimmte Messungen erzeugen.

Ein beliebtes Beispiel für die Erklärung von HMMs ist die Erkennung von gezinkten Würfeln in einem einfachen Würfelspiel (s. Abb. 2.5). Nehmen wir an, es wird ein Spiel gespielt, bei dem eine Person immer wieder einen regulären Würfel A wirft. Mit diesem Würfel gibt es eine gleiche Wahrscheinlichkeit, eine der sechs Zahlen zu würfeln (es gilt also für die Emmissionswahrscheinlichkeiten $a_1 = a_2 = a_3 = a_4 = a_5 = a_6 = 0.167$). Wir wissen außerdem, dass sie den Würfel hin und wieder (d. h. mit einer Wahrscheinlichkeit γ_1 bzw. γ_2) mit einem anderen Würfel austauscht und dass dieser zweite Würfel gezinkt ist, also nicht-zufällige Verteilungen von Zahlen produziert (das sind die Emmissionswahrscheinlichkeiten b_1 bis b_6). Ein HMM kann nun verwendet werden, um diesen Sachverhalt

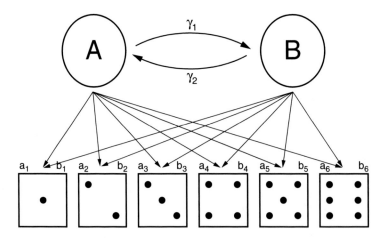

Abb. 2.5 Schematische Darstellung eines HMMs als Simulation eines Würfelspiels mit einem regulären (A) und einem gezinkten (B) Würfel. Kreise repräsentieren Zustände, gekrümmte Pfeile Übergänge zwischen Zuständen mit Übergangswahrscheinlichkeiten γ_1 und γ_2 und gerade Pfeile Emmissionsprozesse mit angegebenen Wahrscheinlichkeiten. Für eine genauere Beschreibung des simulierten Sachverhalts, s. Haupttext

Abb. 2.6 Schematische Darstellung eines *pair-HMMs* als probabilistisches Modell für die Erzeugung von PSAs aus einem Sequenzpaar A, B. Kreise repräsentieren den Zustand zweier Zeichen in der Sequenz, M für alignierte Zeichen, I_A für eine Lücke in Sequenz A und I_B für eine Lücke in B. Gekrümmte Pfeile stellen Übergangswahrscheinlichkeiten dar und gestrichelte Pfeile Emmissionsprozesse

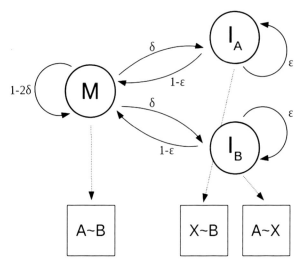

näherungsweise zu modellieren, sodass schließlich eingeschätzt werden kann, wann der reguläre oder der gezinkte Würfel verwendet wurde.

Die Erzeugung von PSAs aus Einzelsequenzen wird mit einer speziellen HMM-Struktur, den sogenannten *pair-HMMs*, dargestellt (s. Abb. 2.6). Diese bestehen aus drei Knoten, die für den Zustand eines Nukleotidpaars zweier Sequenzen S_1 und S_2 stehen. Die drei Zustände korrespondieren direkt (d.h. ohne Emmissionswahrscheinlichkeiten) mit den möglichen Zuständen einer Position in einem PSA, also mit einem Alignment (M), einer Lücke in A (I_A) oder in B (I_B).

Das paarweise Alignment wird schließlich mit Hilfe des Viterbi-Algorithmus oder mit einer Methode namens *maximal expected accuracy* (wie z. B. bei Probcons oder Probalign) erzeugt. Während ersterer Ansatz den wahrscheinlichsten Weg durch den HMM-Graphen sucht, versucht letzterer Ansatz, die Zeichen der einzelnen Sequenzen so anzuordnen, dass die Wahrscheinlichkeit, dass sie aligniert sind, maximal wird. Da eine genauere Beschreibung dieser Methoden den Rahmen dieses Buches sprengen würde, sei für eine umfassende Begründung dieser probabilistischen Methode auf [131] verwiesen.

2.3.6 Lösung 5: Die Meta- oder Ensemble-Methode

Ein neuer Trend bei MSA-Programmen ist es, anstatt vorhandene Methoden zu verbessern, mehrere dieser Methoden kombiniert zu nutzen und aus deren Outputs ein besonders akkurates Alignment zusammenzustellen. Das ist zum einen durch die andauernde Erhöhung der Rechenpower weithin genutzter Computer ermöglicht worden, benötigt nun aber ausgebuffte Methoden zur Unterscheidung zwischen Bereichen in den erzeugten MSAs, die mehr oder weniger verlässlich bzw. akkurat sind [14].

Die ersten Schritte in diese Richtung stellten Bewertungsmethoden dar, die die Konsistenz eines MSAs bewerteten. Zu diesen Methoden gehört z. B. der *Cline score* [16], der auch in diesem Buch als Benchmark-Bewertung eingesetzt wird (s. Abschn. 4.3.4), HoT (*Head over Tails*) [54], der zwei MSAs mit unterschiedlichen Sequenzreihenfolgen erzeugt und diese vergleicht, und GUIDANCE [89], der mehrere MSAs durch *bootstrapping* beim *guide tree* erzeugt und die Konsistenz dieser MSAs bewertet.

Aus dieser ersten Gruppe sticht der Transitive Consistency Score (TCS) [14] hervor, der auf T-Coffee basiert (s. Abschn. 3.2, im Paragraphen „*T-Coffee*") und die Verlässlichkeit einzelner Spalten eines vorliegenden MSAs dadurch einschätzt, indem er aus den einzelnen Sequenzen mit verschiedenen Methoden PSAs erzeugt und diese dann vergleicht (Details hierzu befinden sich in Abschn. 4.3.5). Ebenso wie T-Coffee ist dies also eine MSA-Meta-Methode, die jedoch auf PSAs basiert.

Eine weitere Weiterentwicklung von T-Coffee und eine der ersten Implementationen einer MSA-Meta-Methode für die Erzeugung von MSAs ist M-Coffee [122]. Der zentrale Unterschied zwischen T-Coffee und M-Coffee ist, dass Letzterer zur Erzeugung der *libraries* nicht PSA-erzeugende, sondern MSA-erzeugende Programme nutzt (für weitere Details s. Abschn. 3.2, im Paragraphen „*M-Coffee*").

2.3.7 Methoden der Zukunft

Neben der Weiterentwicklung der in den letzten Abschnitten beschriebenen Methoden gibt es mehrere Trends auf dem Gebiet der Bioinformatik, die wahrscheinlich auch das Feld der MSA-Programme beeinflussen werden. Auf zumindest zwei davon sollten wir kurz eingehen, auch wenn sie bisher noch nicht für den flächendeckenden Gebrauch zur Verfügung stehen.

Zunächst wäre da die Nutzung von Grafikkarten als Rechenprozessor zu nennen. Durch die erhöhten Grafikanforderungen von Videospielen sind in den letzten Jahrzehnten GPUs (*graphics processor units*) und Grafikprogrammiertechniken mit sehr hohen Rechengeschwindigkeiten entwickelt worden. Diese Hochleistungs-GPUs haben zum einen die Möglichkeit, Unterprobleme auf mehreren Prozessoren parallel zu berechnen, und zum anderen können sogenannte Matrixrechenoperatoren auf ihnen sehr effizient und somit schnell durchgeführt werden. Aufgrund komplizierter Software- und Hardwareanforderungen sind GPU-basierte MSA-Programme dem durchschnittlichen Biologen bisher nicht einfach zugänglich. Bisher veröffentlichte GPU-basierte MSA-Programme, wie z. B. eine spezielle Implementation von ClustalW [60], werden allerdings bereits jetzt von Bioinformatikern für MSAs von sehr großen Sequenzmengen genutzt.

Ein weiteres Feld der Informatik, das womöglich große Fortschritte in MSAs bewirken könnte, ist das maschinelle Lernen und die künstliche Intelligenz. Diese Begriffe fassen eine große Menge verschiedener Algorithmen, Ansätze und Modelle zusammen, die, grob gesagt, darauf ausgelegt sind, Zusammenhänge zwischen einer Input-Variable und der dazugehörigen Output-Variable zu erkennen. Diese

Zusammenhänge können dann dazu genutzt werden, auf der Basis neuer Input-Daten vorherzusagen, wie dazugehörige Output-Variablen aussehen müsste. Im Kontext von MSAs sei hier besonders auf *deep-learning*-Ansätze wie *convolutional neural networks* verwiesen, die in den letzten Jahren bereits erfolgreich dazu genutzt wurden, verschiedene Eigenschaften von DNA-Sequenzen wie z. B. Besetzung durch verschiedene Proteine oder Splice-Wahrscheinlichkeiten vorherzusagen [1, 49, 76, 92]. Zur Zeit wird an den ersten Programmen gearbeitet, die *deep learning* und MSA miteinander verbinden, die eine logische Weiterentwicklung der probabilistischen Methode (s. Abschn. 2.3.5) darstellen. Erste Schritte in diese Richtung stellen Vorhersagen der Qualität eines MSAs auf der Basis von noch nicht alignierten Sequenzen dar [84].

2.3.8 Sonderfälle benötigen besondere Methoden

Als Biologe beschleicht einen manchmal das Gefühl, dass Ausnahmen von der Regel der Regelfall sind. Es gibt Vögel, die nicht fliegen können, Insekten und Haie mit nur einem Elternteil, Prokaryoten mit Zellkern und Eukaryoten ohne Mitochondrien. Genauso gibt es auf dem Gebiet der Sequenzalignments einige Spezialfälle, die spezielle Behandlung und unsere Aufmerksamkeit erfordern. Mit diesen wollen wir uns in diesem Abschnitt genauer auseinandersetzen.

Der Normalfall

Zuvor sollten wir aber ein paar Worte auf den Regelfall verlieren und uns fragen, welche Annahmen über die zu alignierenden Sequenzen in MSA-Programmen üblicherweise getroffen werden. Die inhärenten Annahmen der verschiedenen Methoden und Programme unterscheiden sich natürlich, aber sind z. B. bei den Methoden, die Substitutionsmatrizen nutzen, recht einfach ersichtlich: Diese gehen davon aus, dass die Sequenzen gleichförmig aufgebaut sind. Das heißt, es wird davon ausgegangen, dass unterschiedliche Abschnitte der Proteine und Gene in etwa denselben evolutionären Drücken ausgesetzt sind. Das ist bei den meisten Proteinen – trotz unterschiedlicher Proteindomänen und funktionsrelevanter und funktionsirrelevanter Regionen – der Fall.

Transmembranproteine

Die Gruppe der Transmembranproteine erfüllt diese Erwartung jedoch nicht. Während der große Teil des Proteins in wässriger Lösung vorliegt, ist ein Teil des Proteins hydrophob, sodass es sich optimalerweise in eine Lipidmembran integriert. Diese Transmembrandomäne ist somit ganz anderen evolutionären Dynamiken ausgesetzt wie das restliche Protein. MSA-Programme, die spezifisch für Transmembranproteine geschrieben worden sind, wie z. B. AlignMe, PRALINE[TM] und TM-Coffee, sagen üblicherweise zunächst voraus, wo sich eine Transmembrandomäne im Protein befindet, um dann eine transmembran-spezifische Substitutionsmatrix für sie zu nutzen.

Proteine mit hochkonservierten Domänen

Ähnlich wie mit Transmembranproteinen verhält es sich mit manchen, in Domänen unterteilen Proteinen und mit Proteinen, die lange N- oder C-terminale Extensionen tragen. Wenn die Sequenzabschnitte zwischen den Domänen viel variabler sind als die Domänen selbst, so muss davon ausgegangen werden, dass hier unterschiedliche evolutionäre Drücke wirken. Hier ist es jedoch wenig sinnvoll, diese Abschnitte im Vornherein zu unterscheiden, um dann verschiedene Substitutionsmatrizen zu verwenden. Stattdessen sind in MSA-Programmen, die diese Proteinsequenzen gut alignieren können, meist Alignmentstrategien implementiert, die dem lokalen Alignment ähneln, das in Abschn. 2.2.4 beschrieben wurde. Zu diesen Programmen zählen z. B. T-Coffee und PicXAA.

Nicht-kodierende RNA

Im Gegensatz zu DNA ist RNA gut dazu geeignet, Sekundärstrukturen auszubilden und somit auch Enzym-ähnliche Funktionen anzunehmen; dies ist besonders bei nicht-kodierenden RNAs (ncRNAs) der Fall. Gleichzeitig bestehen RNA-Moleküle aber aus einem viel kleineren Alphabet als Proteine (vier Nukleotide vs. 21 Aminosäuren), wodurch zufällige RNA-Sequenzen bereits viel höhere Ähnlichkeiten aufweisen. Das führt dazu, dass ncRNAs oft nicht mit MSA-Programmen aligniert werden können, die für DNA- oder Proteinsequenzen geschrieben worden sind. Um die Probleme zu umgehen, werden in speziellen ncRNA-MSA-Programmen wie z. B. R-Coffee, Stemloc und CentroidAlign Informationen über die Sekundärstrukturen genutzt. Da aber diese Informationen meist nicht experimentell belegt vorliegen, werden sie üblicherweise auf Basis der RNA-Sequenz vorhergesagt.

Die *twilight zone*

Während es für MSA-Programme bei herkömmlichen Proteinsequenzen mit hoher Ähnlichkeit im Allgemeinen recht einfach ist, akkurate MSAs zu generieren, so ist das nicht der Fall, wenn diese Sequenzen niedrige Ähnlichkeitswerte besitzen. Früh in der Forschung an MSA-Programmen hat sich der Begriff *twilight zone* durchgesetzt, der darstellen soll, dass in einem gewissen Bereich niedriger Sequenzidentität die Verwandtschaftsverhältnisse der Sequenzen nur noch schwer festzustellen sind. Im Prinzip ist das weiterhin ein ungelöstes Problem, allerdings wurde die Grenze der *twilight zone*, die im Jahre 1999 für Proteine bei etwa 30 % Sequenzidentität und für Nukleotidsequenzen bei etwa 75 % lag, Stück um Stück zurückgedrängt [29, 88, 95]. Ein Teil dieser Entwicklung basiert auf der Nutzung von lokalen Ansätzen wie dem Smith-Waterman-Algorithmus (s. Abschn. 2.2.4). Das funktioniert, weil bei einer so geringen Ähnlichkeit die Sequenzen in kleinere Abschnitte höherer Ähnlichkeit zerfallen. Unter den Programmen, die für Sequenzen der *twilight zone* maßgeschneidert sind, befinden sich Align-M, T-Coffee und PicXAA.

2.4   Weiterführende Themen

Wenn man sich, wie in diesem Buch, auf einen ganz bestimmten Teilbereich technisch-wissenschaftlicher Entwicklung konzentriert, dann ist es hilfreich, diesen negativ zu definieren. Dieser Abschnitt soll genau dazu dienen: Im Folgenden werden verschiedene Technologien und Methoden erklärt, die zwar „in der Nähe" von sequenzbasierten MSAs liegen, aber in diesem Buch nicht weiter beachtet werden. Ein weiterer Grund, warum diesen Themen so viel Raum in diesem Kapitel zugeteilt wird, ist, dass einige der Programme, die in Kap. 3 beschrieben sind, auf Weiterentwicklungen dieser leicht fachfremden Ansätze basieren.

2.4.1   Strukturbasierte MSAs

Die Funktion eines Proteins wird von seiner Struktur (und den chemischen Eigenschaften des aktiven Zentrums) bestimmt, die es kurz nach der Translation an den Ribosomen einnimmt. Obgleich diese Struktur im Allgemeinen spontan und aus der Aminosäuresequenz entsteht, also nur in Ausnahmefällen hier externe Falthelfer wie z. B. Chaperone essenziell sind, ist es bisher nicht möglich, die (Tertiär-)Struktur eines größeren Proteins auf der Basis seiner Sequenz vorherzusagen. Da die Aufklärung einer Protein-Struktur also komplizierte und zeitaufwendige Methoden wie die der Proteinkristallografie und Cryo-Elektronenmikroskopie benötigt, ist die Zahl der bekannten Proteinstrukturen im Vergleich zu der der bisher bestimmten Proteinsequenzen sehr gering.

Die Idee hinter strukturbasierten MSAs ist folgende: An den Stellen, an denen verwandte Proteine ähnliche Strukturen vorweisen, ist davon auszugehen, dass diese Strukturen evolutionär konserviert sind. Ebenso sollten die diesen Strukturen unterliegenden Aminosäuresequenzen dann nah verwandt und evolutionär konserviert sein, wodurch wir diese in einem MSA als aligniert darstellen können. Strukturbasierte MSA-Programme benötigen, zusätzlich zur Aminosäuresequenz des Proteins, Informationen zu dessen Struktur, weswegen sie nur für solche Proteine eingesetzt werden können, deren Struktur bekannt ist. Allerdings sind diese Methoden im Allgemeinen genauer als sequenzbasierte MSA-Verfahren, wodurch sie z. B. oft die Grundlage für MSA-Benchmark-Datensätze bilden (s. Abschn. 4.1).

Viele Struktur-MSA-Programme nutzen jedoch einen Algorithmus, der dem in Abschn. 2.2.2 beschriebenen dynamischen Algorithmus sehr ähnlich ist. Für die Erzeugung des *guide trees* werden üblicherweise die Proteinstrukturen überlagert, um daraus die Distanzen der einzelnen Atome zu berechnen. Manche Programme beachten dabei alle Atome der Aminosäurekette, andere ignorieren die Amino-Reste und vergleichen somit nur das C_α-„*backbone*" der Proteine. Manche Programme versuchen, aus der Überlagerung der Strukturen Proteinabschnitte zu extrahieren, die konserviert sind und gewichten die in diesen Regionen vorgefundenen Distanzen anders als die außerhalb.

2.4.2 BLAST und Co.

Die Programme der BLAST-Familie (Basic Local Alignment Sequence Tool) sind die meistgenutzten Programme der Bioinformatik und nur wenige Analysepipelines kommen ohne sie aus [3, 12] (Tab. 2.1). Diese Programme sind unter https://blast.ncbi.nlm.nih.gov/Blast.cgi zugänglich und z. B. in [67] anwendungsorientiert beschrieben und erzeugen im Grunde sehr schnell lokale PSAs. Das bedeutet, dass sie in einem heuristischen Verfahren Sequenzpaare nach Regionen absuchen, die eine hohe Ähnlichkeit aufweisen und dabei nicht beachten, wie unterschiedlich die Sequenzen auf ihrer ganzen Länge sind. Das macht sie optimal für Suchen in Onlinedatenbanken, wie z. B. Genbank, PDB oder RefSeq, da dazu alle Sequenzen der Datenbank mit der *query*-Sequenz verglichen werden müssen.

So eine große Anzahl von paarweisen Sequenzvergleichen ist jedoch nur möglich, weil die Programme der BLAST-Suite diese auf eine sehr geschickte Art und Weise vornehmen. Dazu muss die durchsuchte Datenbank zunächst indiziert werden. Dabei werden die Sequenzen in kurze Abschnitte einer bestimmten Länge eingeteilt und diese sogenannten Wörter mit ihrer Position und dem Identifier ihrer Sequenz in einer Datenbank gespeichert. Dieser Indizierungsschritt ist notwendig, um die benötigte sehr hohe Suchgeschwindigkeit zu erreichen; bei BLAST-Aufrufen durch ein Webinterface ist dieser Schritt jedoch bereits von den Hostern des Tools übernommen worden.

Bei einer BLAST-Suche wird nun die *query*-Sequenz daraufhin untersucht, welche Wörter aus der vorher erzeugten Datenbank auch in ihr vorkommen. Bei einem *hit*, wenn also ein Wort gefunden wird, das auch in der *query*-Sequenz vorkommt, kann, da die Wörter in der Datenbank immer mit den Sequenzen, aus denen sie stammen, verknüpft sind, dann ein direkterer Vergleich der *query*-Sequenz mit der „getroffenen" Sequenz angestellt werden. Liegen mehrere der *hits* nicht-überlappend in einer Region einer festgelegten Größe, dann werden diese zu

Tab. 2.1 Übersicht über die verschiedenen Programme der BLAST-Familie

Programm	Input	Output	Besonderheiten	Referenz
blastn	Nukl.	Nukl.		[3, 12]
blastp	Prot.	Prot.		[3, 12]
blastx	Nukl.	Prot.		[3, 12]
tblastn	Prot.	Nukl.	Proteinsequenzen werden vor der Datenbankabfrage revers translatiert	[12]
tblastx	Nukl.	Nukl.	Sequenzen werden vor der Datenbankabfrage translatiert und danach revers translatiert	[12]
PSI-BLAST	Prot.	Prot.	Iterative Datenbankabfrage mit einer positionsspezifischen Scoring-Matrix	[2]
PHI-BLAST	Prot.	Prot.	*Pattern Hit Initiated* BLAST mit Sequenzprofilen	[132]
megablast	Nukl.	Nukl.	Wie *blastn*, aber für große Datenmengen	[72, 133]
DELTA-BLAST	Prot.	Prot.	Datenbankanfrage mit positions-spezifischen Scoring-Matrix aus Proteindomänen	[11]

einem zusammenhängenden PSA erweitert. Danach werden alle *hits* und erweiterten *hits* mit Hilfe einer Substitutionsmatrix bewertet und all diejenigen Abschnitte verworfen, deren Bewertung unter einem gewissen Schwellenwert liegen. Für die übrig bleibenden Sequenzen werden einige statistische Kenngrößen berechnet, bevor sie ausgegeben werden.

2.4.3 Alignment-freie Methoden

Eines der Hauptzwecke von MSAs ist das Vergleichen von Sequenzen, z. B. um die evolutionären Zusammenhänge zwischen den Sequenzen in einem Baumdiagramm darzustellen. Wenn jedoch größere Sequenzmengen verglichen werden sollen, dann wird meistens, aufgrund der ansonsten zu großen Laufzeit, zu sogenannten Alignment-freien Methoden gegriffen [36]. Wie auch MSAs berechnen diese Ähnlichkeiten zwischen Sequenzen, generieren jedoch keine Information darüber, welche Nukleotide bzw. Aminosäuren der unterschiedlichen Sequenzen miteinander korrespondieren.

Alignment-freie Methoden können grob in zwei Untermengen unterteilt werden: Methoden, die auf Subsequenz-Frequenzen aufbauen (*word-based methods*) und Methoden, die den Informationsgehalt voller Sequenzen vergleichen (*information-theory based methods*) [134].

Die einfache k-mer-Distanz, die wir in Abschn. 2.3.2 zur Erzeugung von *guide trees* beschrieben haben, ist ein gutes Beispiel für *word-based methods*. Als Beispiel der zweiten Untergruppe lässt sich z. B. die Berechnnung von Ähnlichkeit mit Hilfe eines Kompressionsalgorithmus nennen. Jede Sequenz hat eine gewisse Menge an (theoretischer, nicht biologischer) Information; diese ist höher, je diverser die Sequenz ist. Ist sie repetitiv, so trägt sie wenig Information und kann recht einfach komprimiert werden. Die Sequenz AAAAAA trägt zum Beispiel weniger Information als die Sequenz GATCAC. Um einen Ähnlichkeitswert zweier Sequenzen zu erhalten, müssen wir sowohl die Menge der Information der Sequenz berechnen, die entsteht, wenn wir diese beiden Ausgangssequenzen zusammensetzen, als auch die der einzelnen Sequenzen. Die Ähnlichkeit der Sequenzen ergibt sich dann aus dem Unterschied der Information zwischen den einzelnen Sequenzen und der zusammengesetzten Sequenz, da ähnliche Sequenzen häufiger ähnliche Motive enthalten und somit leichter zu komprimieren sind.

2.4.4 Genom- und Chromosomalignments

In diesem Buch widmen wir uns dem Alignment von mehreren Sequenzen, deren Länge sich (für reguläre Gene und Proteine) in etwa im Bereich zwischen 70 und 2000 Nukleotiden bzw. Aminosäuren befindet. Dies sind für Proteine bzw. Gene übliche Längen. Jedoch finden wir in der Natur auch längere Sequenzen, insbesondere Chromosomen, für die Längen zwischen 1 Mbp (kleine Bakterienchromosomen) und 249 Gbp (das menschliche Chromosom 1) üblich sind. Möchte man nun z. B.

die Chromosomensequenzen verschiedener Subspezies einer bestimmten Familie von Organismen alignieren, um Inversionen zu entdecken, dann werden die klassischen MSA-Programme die falsche Wahl sein.

Das liegt daran, dass das Alignieren von chromosomalen Sequenzen einige Besonderheiten aufweist. Durch die Länge der Sequenzen ist es sehr wichtig, dass die genutzten Programme schnell ablaufen. Die Eigenschaften von Chromosomen ermöglichen uns glücklicherweise schnellere Alignment-Algorithmen. Die wichtigste dieser Eigenschaften ist, dass es sich bei chromosomalen Sequenzen immer um DNA-Sequenzen handelt, wodurch kompliziertere Substitutionsmatrizen etc. entfallen. Außerdem sind kleine Ungenauigkeiten bei der Identitätsermittlung auf die Länge eines Chromosoms vernachlässligbar, sodass viele dieser Programme allein auf Sequenzidentität testen.

Eines der meistgenutzten Programme für das Alignment von ganzen Chromosomen ist MUMmer [18, 19].

Übersicht aktueller MSA-Programme

3

3.1 Einleitung

Während die Begriffe „Algorithmus" und „Programm" umgangssprachlich zuwei-len synonym verwendet werden, bezeichnen sie in der Informatik klar getrennte Konzepte. Ein Algorithmus ist eine Art abstrakte Beschreibung einer Handlungsan-weisung, beschreibt also in mehr oder weniger hoher Detailtiefe die Einzelschritte einer Berechnung. Algorithmen sind von einer Programmiersprache unabhängig und dienen deswegen nicht als Handlungsbefehl an einen Computer, sondern der Kommunikation eines Konzeptes an andere Personen. Im Gegensatz dazu sind Programme sehr spezifische, in einer bestimmten Programmiersprache geschriebe-ne Handlungs- und Berechnungsanweisungen, die akribisch von einem Computer ausgeführt werden. Man spricht davon, dass ein Programm einen Algorithmus „implementiert", wenn in dessen Programmcode dieser Algorithmus umgesetzt wird. Beispielsweise könnte man den Satz „Addiere 5 und 3" als Algorithmus verstehen, der in der Formel $5 + 3$ in der Sprache der Mathematik implementiert ist.

In Kap. 2 sind in groben Pinselstrichen die Algorithmen beschrieben, die sich in MSA-Programmen finden, und es wurde darauf hingewiesen, dass die Programme, die sie implementieren, sich Variationen an den Algorithmen erlauben. In diesem Kapitel wollen wir uns nun die Implementierung der meistgenutzten und relevan-testen MSA-Programme genauer anschauen. Diese Auflistung umfasst zwar auch einige wenige Programme, die sich nicht in der Analyse in Kap. 5 finden, jedoch ist sie dennoch bei weitem nicht erschöpfend.

Die Programme sind im Allgemeinen nach dem Jahr sortiert, in dem sie veröf-fentlicht bzw. zum ersten Mal in der Fachliteratur erwähnt wurden. Die Ausnahmen stellen solche Programme dar, die erweiterte, neuere Fassungen älterer Programme sind und deren Neuheiten nicht dergestalt sind, dass sich ein neuer Abschnitt lohnen würde. Diese Programme werden dann in den Abschnitten der Vorläu-ferprogramme beschrieben. Durch diese Art der Aufzählung wird hoffentlich die Entwicklungsgeschichte von MSA-Programmen klar. Da trotz ihrer Unterschiede

© Springer-Verlag GmbH Deutschland, ein Teil von Springer Nature 2019
T. Sperlea, *Multiple Sequenzalignments*,
https://doi.org/10.1007/978-3-662-58811-6_3

viele MSA-Programme ähnlich aufgebaut sind, ergeben sich in diesem Kapitel viele Wiederholungen; da jedoch dieses Kapitel als Nachschlagewerk konzipiert ist, sind diese Wiederholungen notwendig.

Da sich das Feld der MSA-Programme stets und mit einer großen Geschwindigkeit entwickelt und inzwischen sehr unübersichtlich geworden ist, kann hier keine vollständige Beschreibung aller MSA-Programme geliefert werden. Außerdem würde eine Beschreibung jedes Details dieser Programme den Rahmen eines Buches sprengen und nur begrenzt informativ sein. Für eine größere Detailtiefe sei, neben den in den jeweiligen Abschnitten referenzierten Artikeln, auf das Buch „Multiple Sequence Alignment Methods" (Springer 2015) [73] verwiesen, in welchem viele MSA-Programme von ihren Entwicklern beschrieben werden.

3.2   Auflistung gebräuchlicher MSA-Programme

DFalign

DFalign ist eines der frühesten MSA-Programme und kann als beispielhafte Implementierung des progressiven Ansatzes (s. Abschn. 2.3.2) gesehen werden [26]. DFalign erzeugt also mit Hilfe des Needleman-Wunsch-Algorithmus und Dayhoff-Substitutionsmatrizen [81] zunächst PSAs und berechnet auf der Basis dieser einen *guide tree*. Das MSA wird beim progressiven Durchlauf durch den *guide tree* aufgebaut. Da dieser nur angibt, welche Sequenz als nächstes zum MSA hinzugefügt werden soll, wird die Positionierung jeder neu hinzugefügten Sequenz durch mehrere Vergleiche festgelegt. Da die Reihenfolge der bisher alignierten Sequenzen nicht verändert werden darf, wird z. B. der Score des Alignments ABC (wobei A, B und C für drei Sequenzen stehen und A und B bereits aligniert wurden) mit dem des Alignments BAC verglichen und ebenso im nächsten Schritt $ABCD$ und $ABDC$. Für DFalign gilt bei der Generierung des MSAs außerdem die Regel *„once a gap, always a gap"* (einmal eine Lücke, immer eine Lücke), da eingebaute *gaps* nicht nachträglich entfernt werden können.

Clustal

Die Forscher, die im Jahre 1988 Clustal entwickelt haben, rühmten sich damals damit, dass es das erste MSA-Programm sei, das auf einem *microcomputer* laufen kann und nicht zimmergroße Rechneraufbauten benötigte, um ein paar Proteinsequenzen zu alignieren [40]. Clustal (*CLUSTer analysis of pairwise ALignments*) funktioniert im Allgemeinen wie DFalign, baut also das MSA progressiv anhand eines mit Hilfe von UPGMA erstellten *guide trees* auf. Allerdings werden die bereits alignierten Sequenzen durch eine sogenannte Konsensus-Sequenz ersetzt, die für jede Position der Sequenz das jeweils häufigste Zeichen aus dem bisherigen Alignment übernimmt. Diese *quick-and-dirty*-Methode beschleunigt zwar die Berechnung des MSAs sehr, reduziert allerdings auch die Genauigkeit des Programms.

ClustalW

In den Jahren nach 1988 hatte sich Clustal mit Hilfe von Kassetten und den damals weithin genutzten DOS-Systemen so weit verbreitet, dass es zum Standard-MSA-Programm wurde [55]. Allerdings hatten bis 1994 Rechnerplattformen einige technische Fortschritte gemacht, sodass nun kompliziertere Berechnungen möglich wurden. ClustalW ist eine bis heute weit verbreitete Weiterentwicklung von Clustal, die sich zum Ziel gesetzt hatte, einige Probleme des progressiven Ansatzes zu lösen [114].

So beeinflusst z. B. die Auswahl der Parameter, die zur Erzeugung der MSAs genutzt werden, die Ergebnisse stark. ClustalW setzt diese deswegen automatisch in Abhängigkeit der zu alignierenden Sequenzen. So werden in unterschiedlichen Stadien des Alignments unterschiedliche Substitutionsmatrizen genutzt, die zu der ansteigenden Unterschiedlichkeit der alignierten Sequenzen passen. Genauso werden die *gap penalties* in Abhängigkeit der Sequenzumgebung angepasst. Auf diese Art erfahren z. B. hydrophile Regionen von Proteinsequenzen reduzierte *gap penalties*, genauso wie Positionen im MSA, an denen in vorherigen Alignmentschritten bereits eine Lücke eingebaut worden ist, sodass die Regel „*once a gap, always a gap*" eingehalten wird.

Eine weitere Anpassung von ClustalW ist, dass Sequenzen nach der Erzeugung des *guide trees* durch *neighbor joining* gewichtet werden. Die Gewichte, die auf der Basis der Entfernung einer Sequenz von der Wurzel des *guide trees* berechnet werden, werden dann genutzt, um den Einfluss von nah-verwandten Sequenzen im Alignment zu verkleinern. Im Allgemeinen ist ClustalW durch diese Anpassungen leichter zu nutzen und akkurater als Clustal. Insbesondere für evolutionär weiter entfernte Sequenzen wurden hier große Fortschritte geschaffen.

Zwei Programme, die Weiterentwicklungen von ClustalW darstellen, sollen hier kurz beschrieben werden, da diese zwar nicht allzu große algorithmische Veränderungen zu ClustalW aufweisen, aber dennoch oft genutzt wurden. ClustalW2 ist eine in C++ implementierte und deswegen schnellere Version von ClustalW [55]. An Stelle des *neighbor joining*-Algorithmus nutzt ClustalW2 UPGMA, da dieser größere Datenmengen schneller bearbeiten kann. Eine weitere Geschwindigkeitserhöhung wurde in einem anderen Ansatz dadurch erreicht, dass bestimmte Rechenschritte, die ClustalW durchführt, parallelisiert wurden, sodass nun auf Computern mit mehreren CPUs mehrere der Rechenkerne genutzt werden können [13, 83].

SAGA

SAGA (*Sequence Alignment by Genetic Algorithm*) ist ein Beispiel für eine Sackgasse in der Entwicklung der MSA-Programme. Im Kern von SAGA steht ein klassisches Optimisierungsverfahren, ein sogenannter evolutionärer oder genetischer Algorithmus [77]. Analog zu SAGA existiert auch RAGA, welches RNA-Sequenzen aligniert [80].

Diese Algorithmen sind an natürliche, biologische Evolutionsmechnaismen angelehnt und laufen im Allgemeinen folgendermaßen ab: Zunächst wird eine „Population" von möglichen Lösungen für das gegebene Problem erzeugt, meistens zufallsbasiert. Dann wechseln sich Phasen von Selektion und Vermehrung und Mutation ab. Bei der Selektion werden die Organismen der Population mit einer zuvor bestimmten Fitnessfunktion bewertet und dann die höchstbewerteten Organismen in die nächste Generation übernommen, während die anderen meist verworfen werden. Mit bestimmten Operatoren wird in der Vermehrungsphase aus den selektionierten Organismen eine neue Population erzeugt. Um die Variation in der Population zu erhöhen, werden in der Mutationsphase zufällige Veränderungen in einem Teil der Organismen vorgenommen. Danach schließt sich wieder eine Selektionsphase an. Beendet wird der Kreislauf nach einer im Vornherein festgelegten Anzahl von Abläufen oder wenn sich eine stabile Population ergibt.

Bei SAGA stellen MSAs die Organismen dar, die anhand des *sum-of-pairs-scores* (s. Abschn. 4.3.1) selektioniert werden. Die Mutationsoperatoren bringen Lücken und Veränderungen in die MSAs ein. Auf diese Art erzeugt SAGA akkuratere MSAs als ClustalW, was auch erklärt, warum es noch immer häufig eingesetzt wird. Jedoch ist es nur für kleine MSA-Datensätze nutzbar, da es recht viel Rechenzeit benötigt. Auf einer theoretischeren Ebene spricht gegen SAGA, dass es nicht möglich ist, auszuschließen, dass der Ouput von SAGA nicht das optimale Alignment enthält und dass bisher keine einzelne Fitnessfunktion gefunden wurde, die für die verschiedenen Typen von MSAs eine gute Wahl darstellt.

PRRP

PRRP ist eines der MSA-Programme, die zwar heutzutage nur sehr selten Einsatz finden, aber historisch gesehen wichtig für die Entwicklung der MSA-Programme sind. PRRP ist die erste Nutzung der iterativen Methode [32], die in Abschn. 2.3.3 in größerem Detail beschrieben ist und deswegen hier nicht viel Raum einnehmen soll. Dass sich PRRP nunmehr keiner großen Beliebtheit erfreut, liegt sicherlich daran, dass die damaligen Möglichkeiten der Computer reicht eingeschränkt waren und die iterative Methode mehr Rechenzeit benötigt als die einfache dynamisch-progressive Methode.

DIALIGN

Hinter DIALIGN steht der Versuch, die Eigenschaften von lokalen und globalen Alignments zu kombinieren, also ein globales MSA aus mehreren lokalen aufzubauen [71]. Dadurch ist es besonders gut geeignet, Sequenzen mit großen Insertionen zu alignieren.

Das erreicht DIALIGN dadurch, dass es, für jedes Sequenzpaar, zunächst lückenfreie Sequenzfragmente bestimmt und diese dann miteinander aligniert. So entstehen sogenannte Diagonale, also alignierte Sequenzfragmente, nach denen auch DIALIGN benannt ist (*DIagonal ALIGNment*). Diese Diagonalen werden anhand ihrer Ähnlichkeit bewertet, sodass jene Diagonale ein hohes Gewicht erhalten, die komplett übereinstimmen.

Aus all den möglichen Diagonalen zwischen zwei Sequenzen kann recht effektiv ein Alignment dieser Sequenzen erstellt werden, indem zwei Einschränkungen vorgenommen werden: Zum einen werden all die Diagonalen, deren Bewertung unterhalb eines Schwellenwertes liegt, ignoriert. Zum anderen werden nur diejenigen Diagonalen beachtet, die in ihrer Anordnung auf den Sequenzen konsistent sind. Formaler gesprochen sind zwei Diagonalen D_1 und D_2 konsistent, wenn D_1 auf beiden Sequenzen vor D_2 liegt oder die von D_2 in beiden Fällen vor D_1. Aus all den restlichen möglichen Alignments wird dasjenige ausgewählt, dessen aufsummierte Diagonalenbewertung maximal ist.

Zur Erzeugung von MSAs werden alle möglichen Diagonalen in allen Sequenzpaarungen identifiziert und bewertet. Dann werden diese Diagonalen, soweit konsistent, mit der bestbewerteten beginnend, nach und nach zu dem MSA hinzugefügt.

Im Gegensatz zu den anderen MSA-Programmen, welche einzelne Zeichen in den Sequenzen alignieren, benötigt DIALIGN wegen dieser Herangehensweise keine expliziten *gap penalties*; Lücken entstehen automatisch dort, wo die zu alignierenden Fragmente nicht zusammenpassen.

DIALIGN2

Etwa drei Jahre nach der Veröffentlichung von DIALIGN wurde bereits eine weiterentwickelte Version dieses Programmes unter dem Namen DIALIGN2 herausgebracht [70]. Es hatte sich herausgestellt, dass die Gewichtungsfunktion von DIALIGN ungewünschte Eigenschaften hat und wegen diesen dazu tendiert, inkorrekte MSAs zu erzeugen. Das Problem ist im Kern folgendes: Eine große Diagonale D kann aus mehreren, kürzeren Diagonalen $D_1, D_2, \ldots, D_n$ zusammengesetzt sein. Die Summe der Gewichte kann dem Gewicht der gesammten Diagonale sehr nahe kommen und z. T. sogar höher ausfallen. Das führt dazu, dass bestimmte, kürzere Diagonalen größeren Diagonalen gegenüber bevorzugt erkannt und fälschlicherweise aligniert werden.

Um dieses Problem zu lösen, wurde die Bewertungsfunktion von DIALIGN2 so abgeändert, dass kurze Diagonalen generell schlechter bewertet werden. Ein wichtiger Teil der Berechung der Gewichtswerte einer bestimmten Diagonalen ist nun die Wahrscheinlichkeit, eine andere Diagonale mit gleicher Länge, aber höheren Ähnlichkeitswerten in zwei zufälligen Sequenzen mit der Länge der zu alignierenden Sequenzen zu finden. Durch diese Berechnungsmethode sind die Gewichte der Sequenzen nicht nur abhängig von der Länge und Bewertung der einzelnen Diagonalen, sondern auch von der Gesammtlänge der Sequenzen.

Außerdem wurden Schwellenwerte für die Länge und Ähnlichkeit von Diagonalen eingeführt, unter denen Diagonalen nicht in die Berechnung des MSA eingehen. So wurde die Laufzeit des Programmes reduziert.

T-Coffee

Das im Jahre 2000 veröffentlichte Programm T-Coffee (*Tree-based Consistency Objective Function For alignment Evaluation*) gehört zu den heutzutage meistgenutzten MSA-Programmen. Es erreicht im Vergleich zu anderen MSA-Programmen besonders hohe Genauigkeitswerte, indem es das finale MSA aus mehreren, von anderen Programmen erzeugten PSAs zusammensetzt [78]. T-Coffee stellt somit gewissermaßen eines der ersten Ensemble-basierten MSA-Programme (s. Abschn. 2.3.6) dar.

Dabei geht T-Coffee folgendermaßen vor: Aus den von einem globalen und einem lokalen Aligmentprogramm (wie z. B. Lalign und ClustalW) generierten PSAs werden sog. *libraries* generiert, indem jedem möglicherweise alignierten Zeichenpaar der Inputsequenzen eine Gewichtung zugeordnet wird. Diese Gewichtungen werden mit Hilfe einer Funktion namens COFFEE [79] heuristisch, d. h. annähernd, anhand der Sequenzidentitäten der am PSA beteiligten Sequenzen berechnet.

Das finale MSA wird dann mit einer Abwandlung der dynamisch-progressiven Methode generiert. An die Stelle der Substitutionsmatrix treten jedoch die Gewichte der im vorherigen Schritt vorbereiteten *libraries*, sodass die Aminosäuren oder Nukleotide an unterschiedlichen Stellen des Proteins oder der DNA-Sequenz unterschiedliche Alignmentwahrscheinlichkeiten haben. Auch *gap penalties* müssen hier nicht eingestellt oder beachtet werden, da diese Lücken ja bereits in den PSAs eingetragen waren.

Insgesamt erhöht diese Herangehensweise die Genauigkeit der MSAs, insbesondere bei Sequenzen der *twilight zone*, wobei jedoch die Notwendigkeit der Berechnung von PSAs zu einer recht hohen Laufzeit führt. Durch den technologischen Fortschritt bei Computern und die damit einhergehende Rechenzeitverkürzung ist dies jedoch kein großes Problem. Ganz im Gegenteil ermöglichte es dessen Ensemble-Struktur, durch Abwandlungen von T-Coffee verschiedene Domänen-spezifische Ensemble-MSA-Programme zu entwickeln.

MAFFT

Die Qualität von MSA-Methoden basiert zu einem großen Teil darauf, ob sie es schaffen, homologe Regionen der Input-Sequenzen zu erkennen. Um das zu erreichen, nutzt MAFFT im Schritt des progressiven Alignments die sogenannte schnelle Fourier-Transformation (engl. *fast Fourier transform*, FFT), eine komplizierte mathematische Methode, die, kurz gesagt, einen beliebigen Werteverlauf in mehrere, periodische Zahlenreihen wie z. B. Sinus-Funktionen zerlegt und dann nur die Amplituden dieser Zahlenreihen angibt [45]. Dadurch macht sich MAFFT unabhängig vom Vergleich von k-mer-Häufigkeiten, wie sie in anderen Programmen genutzt werden.

Um diesen Ansatz für das Alignment von Nukleotid- und Aminosäuresequenzen nutzbar zu machen, müssen diese zunächst in Zahlenreihen übersetzt werden.

Im Falle der Proteine nutzt MAFFT hierfür Volumen- und Polaritätswerte der einzelnen Aminosäuren nach Grantham [34], für DNA- und RNA-Sequenzen Nukleotidhäufigkeiten. Aus Paaren der so erhaltenen Werteverläufen werden dann Korrelationen berechnet und in diesen mit Hilfe der FFT-Methode Regionen mit hoher Korrelation und somit hoher Homologie identifiziert. Diese Regionen werden dann mit einem dem *dynamic programming* (s. Abschn. 2.2.2) ähnlichen und Matrix-basierten Algorithmus miteinander verbunden. So können auch Gruppen von Sequenzen miteinander aligniert werden; dabei werden die Volumen- und Polaritätswerte der Aminosäuren der einzelnen Sequenzen gewichtet und gruppenweise linear miteinander kombiniert.

Für MAFFT wurden bereits in der ersten Publikation sechs verschiedene Modi beschrieben, später kamen dann drei weitere hinzu [45, 46]:

- FFT-NS-1, das einfachste und auch schnellste der Modi von MAFFT, erzeugt einen *guide tree* auf der Basis von PSAs und mit UPGMA und baut dann mit Hilfe der oben beschriebenen Methode das MSA auf diesem *guide tree* auf;
- FFT-NS-2 erzeugt einen *guide tree* aus dem MSA, der mit FFT-NS-1 erzeugt wurde und baut auf diesem wiederum mit der FFT-Methode ein MSA auf;
- FFT-NS-i, die akkurateste der Varianten, baut wiederum auf FFT-NS-2 auf und verbessert das MSA mit Hilfe der iterativen Methode (s. Abschn. 2.3.3);
- NW-NS-1, NW-NS-2 und NW-NS-i sind analog zu den ersten drei Modi, nutzen jedoch an Stelle der FFT-Methode den Needleman-Wunsch-Algorithmus;
- G-INS-i, H-INS-i und F-INS-i beziehen Informationen aus den PSAs, die für den *guide tree* berechnet wurden, in die Erzeugung des MSAs ein, indem aus diesen eine sogenannte Wichtigkeitsmatrix berechnet wird. In die dort abgelegten Werte fließt ein, wie häufig die einzelnen Zeichen der verschiedenen Sequenzen in lückenfreien Segmenten von PSAs auftauchen, wie lang diese Segmente sind und welche Bewertung sie beim Erstellen des *guide trees* erhalten haben. Diese Wichtigkeitsmatrix dient als Gewichtung für die Werte aus einer Substitutionsmatrix, die dann wiederum als Basis für das MSA dient. Schließlich wird eine iterative Methode (s. Abschn. 2.3.3) genutzt, um das finale Alignment zu optimieren. Zur Erzeugung des *guide trees* nutzt G-INS-i die oben beschriebene FFT-Methode, H-INS-i nutzt das lokale PSA-Programm FASTA und F-INS-i eine abgewandelte Version von FASTA, der ein Optimierungsschritt entnommen wurde und somit schneller abläuft [86].

Es ist zu erwarten, dass es zukünftig weitere Verbesserungen an MAFFT geben wird, da an MAFFT weiterhin gearbeitet wird und dieses Programm aufgrund des FFT-Ansatz recht einzigartig ist [47].

POA

POA (*Partial Order Alignment*) ist ein selten eingesetztes MSA-Programm mit einer interessanten Methodik. Benannt ist es nach *partial order graphs*, also

Graphen partieller Ordnungen, die hier dafür eingesetzt werden, MSAs mit hoher Genauigkeit zu erzeugen [59].

Normalerweise gehen in dynamischen, progressiven Alignments Informationen verloren, weil die bereits alignierten Sequenzen zu Profilen zusammengezogen werden. POA umgeht das Problem, indem eine Graphstruktur genutzt wird, in der die Zeichen des Alignments Knoten darstellen und diejenigen Knoten mit Kanten miteinander verbunden werden, die in mindestens einer der Sequenzen konsekutiv auftauchen. Diese Graphstruktur ist der der HMMs recht ähnlich, die in Abschn. 2.3.5 beschrieben sind.

Auf diese Weise wird eine einfache Sequenz als Aneinanderreihung von Knoten dargestellt; Knoten, deren Zeichen und Position in der Reihe identisch sind, werden jedoch zu einem einzigen Knoten zusammengezogen. So entsteht für ein MSA ein gerichteter und azyklischer Graph, der an einigen Stellen mehrere Parallelwege, an anderen jedoch nur eine einzige Kante aufweist. Diese Datenstruktur erhält im Gegensatz zu den in Clustal eingesetzten Konsensus-Sequenzen die genaue Sequenzinformation der einzelnen Sequenzen in Form von Wege durch den Graphen. Die einzelnen Sequenzen werden mit Hilfe des Smith-Waterman-Algorithmus (s. Abschn. 2.2.4) in den Graphen eingesetzt, wobei die Sequenzen in beliebiger Reihenfolge in das MSA integriert werden und Lücken einfach durch Verbindungen zwischen nicht-konsekutiven Knoten dargestellt werden.

Aus dem Graphen kann ein MSA dann ausgelesen werden, indem die Knoten nacheinander durchlaufen werden und die einzelnen Sequenzen, aber nun, wo nötig, mit Lücken wiederhergestellt werden. Diese besondere Alignment-Methode erlaubt es POA, MSAs in recht geringer Zeit zu erzeugen.

PRALINE

PRALINE (*PRofile ALIgNmEnt*) ist eine Toolbox von unterschiedlichen Ansätzen zur Generierung und Verbesserung von MSAs. Zusätzlich enthält PRALINE in dessen Webinterface verschiedene Möglichkeiten zur Darstellung der erzeugten MSAs, wodurch es ein Komplettpaket zur Sequenzanalyse darstellt [103].

Zur Erzeugung von MSAs nutzt PRALINE Methoden, die auf Sequenzprofilen basieren [101, 102]. So wird z. B. in einem ersten Schritt der Berechnung, jede der zu alignierenden Sequenzen in ein sogenanntes *preprofile*, also ein *preprocessed sequence profile*, übersetzt. Dazu werden, mit Hilfe von PSAs, alle einer bestimmten Sequenz ähnlichen Sequenzen identifiziert und mit dieser zu einem Sequenzprofil zusammengezogen. Dabei werden die Positionen, die in der Ausgangssequenz Lücken beinhalten, aus dem *preprofile* entnommen [39].

Diese Sequenzprofile werden dann durch eine *guide-tree*-freie Abwandlung der progressiven Methode, auf dessen Details einzugehen, den Rahmen dieses Buches sprengen würde, miteinander aligniert [38]. Außerdem kann PRALINE eine sogenannte *homology-extension*-Methode nutzen, um MSAs mit höherer Qualität zu erzeugen [102].

Diese Methode zielt darauf ab, Informationen zur Lage von konservierten Bereichen auf den zu alignierenden Sequenzen aus homologen Sequenzen auszulesen und diese Informationen in den Alignmentprozess einfließen zu lassen. Dafür wird bei PRALINE jede einzelne der zu alignierenden Sequenzen als Input für eine Datenbanksuche mit PSI-BLAST (s. Abschn. 2.4.2 und Tab. 2.1) genutzt. Nicht-redundante Ergebnisse dieser Suchen werden dann, gemeinsam mit der jeweiligen Input-Sequenz, zu Sequenzprofilen übersetzt und schließlich progressiv aligniert.

PRALINE selbst ist heutzutage nicht mehr häufig in Gebrauch, jedoch werden sich sowohl der Fokus auf Sequenzprofile als auch die *homology-extended*-Methode in späteren MSA-Programmen wiederfinden.

Align-M

Um die Genauigkeit von MSAs aus evolutionär weiter entfernten Sequenzen, also Sequenzen der *twilight zone*, zu erhöhen, nutzt das 2004 veröffentlichte Programm Align-M ganz gezielt lokale Methoden [123].

Dazu werden zunächst spaltenweise mehrere lokale MSAs erzeugt, die eine möglichst große *sum-of-pairs-score* (s. Abschn. 4.3.1) aufweisen sollen. Da die dafür verwendete heuristische Methode nur eine Annäherung an die korrekte Lösung ist, ist es notwendig, für jede Spalte mehrere Alignments zu berechnen. Deswegen werden in einem zweiten Schritt auf der Basis dieser MSAs Substitutionsmatrizen generiert, mit denen dann PSAs der zu alignierenden Sequenzen gebildet werden. Dieser Schritt ist außerdem hilfreich, um einige Fehler aus den Alignments zu entfernen, da auf diese Weise auch globale Alignmentzusammenhänge betrachtet werden. Schließlich werden all die PSAs verworfen, die nicht mit den anderen konsistent sind, sodass sich aus den übrigen PSAs mit Hilfe der progressiven Methode (s. Abschn. 2.3.2) ein möglichst akkurates MSA erzeugen lässt.

Durch diese elaborierte Methodik sind die erzeugten MSAs zwar recht akkurat, allerdings benötigt Align-M so viel Zeit für deren Berechnung, dass mehr als 50 Sequenzen mit je 250 Zeichen nicht mit diesem Programm alignierbar sind.

MUSCLE

MUSCLE (*MUltiple Sequence Comparison by Log-Expectation*) ist eines der jüngeren Programme, das die Grundidee von PRRP aufnimmt und eine iterative Methode (s. Abschn. 2.3.3) zur Generierung von MSAs nutzt. Umgesetzt wird das in einem dreistufigen Verfahren, das so gestaltet ist, dass jeder einzelne Schritt ein MSA erzeugt und MUSCLE somit nach jedem beliebigen Schritt gestoppt werden kann [23, 24].

Im ersten Schritt wird aus den zu alignierenden Sequenzen mit der progressiven Methode (s. Abschn. 2.3.2) ein MSA erzeugt; zur Berechnung des *guide trees* aus k-mer-Distanzen kann entweder UPGMA oder *neighbor joining* verwendet werden.

Im zweiten Schritt wird der *guide tree* iterativ verbessert, indem eine neue Distanzmatrix auf der Basis des MSAs aus dem ersten Schritt berechnet wird. Dazu wird die mit der Methode von Kimura korrigierte Sequenzidentität genutzt, die zwischen Transitionen (Mutation zwischen Adenin und Guanin) und Transversionen (zwischen Cytosin und Thymin) unterscheidet [51]. Schließlich, wenn keine weitere Verbesserung erwartet wird, wird wieder die progressive Methode genutzt, um ein MSA zu erzeugen.

Der dritte Schritt von MUSCLE ist ein Verfeinerungsschritt, in dem eine klassische Variante der iterativen Methode zur Geltung kommt. Aus dem *guide tree* wird eine beliebige Kante entfernt, sodass zwei getrennte Unterbäume entstehen. Dann wird für jeden der Unterbäume ein Sequenzprofil errechnet und diese beiden Profile aligniert. Dieses neue Alignment wird verworfen, wenn dessen *sum-of-pairs-score* (s. Abschn. 4.3.1) nicht größer ist als der des ursprünglichen MSAs. Dieser Schritt wird wiederholt, bis alle Kanten des *guide trees* einmal aus dem Graphen entfernt worden sind oder eine bestimmte Maximalanzahl an Iterationen erreicht worden ist.

Die Eigenschaft der Berechnungsschritte von MUSCLE führt zu einer großen Vielseitigkeit in recht kurzer Laufzeit und ermöglicht, ein bereits bestehendes Alignment mit MUSCLE zu verbessern. Außerdem erzeugt MUSCLE durch die iterativen Verbesserungen sehr akkurate MSAs.

3D-Coffee

Wie im Paragraphen über T-Coffee beschrieben, macht es dessen Grundstruktur möglich, viele verschiedene Programme, die PSAs generieren, zusammenzuführen und in einer Art von Ensemble zusammenzubinden, sodass hoch-akkurate MSAs generiert werden können. Mit 3D-Coffee und dessen Webserver Expresso wurde im Jahre 2004 das erste Programm der T-Coffee-Familie veröffentlicht, das neben sequenzbasierten PSAs auch strukturelle Informationen zur Erzeugung von MSAs heranzieht [5, 85]. Dafür greift es auf das Struktur-MSA-Programm Fugue zurück [99]. Da 3D-Coffee, wie bereits T-Coffee, aus der Ausgabe der vorgeschalteten PSA-Programme *libraries* erzeugt, wird die Genauigkeit bereits erhöht, wenn nur wenige der zu alignierenden Sequenzen auch strukturell aligniert werden. Allerdings erhöht die Beachtung von struktureller Information bei der MSA-Erzeugung mit 3D-Coffee außer in der *twilight zone* die Genauigkeit der finalen MSAs nur mäßig, insbesondere wenn nur wenige Sequenzen aligniert werden [29, 85].

Kalign

Kalign ist eines der neueren MSA-Programme, das die recht einfache progressive Methode nutzt und nicht z. B. iterativ seine Resultate verbessert [57].

Das Programm erzeugt trotz dieses recht simplen Ansatzes akkurate MSAs, da es eine neue Methodik zur Erzeugung der *guide trees* einsetzt: An Stelle der zeitaufwendigen paarweisen Sequenzalignments oder der nicht allzu akkuraten k-mer-Distanzen nutzt Kalign den Wu-Manber-Algorithmus für approximative, d. h. annähernde Stringsuchen [129]. Dieser wurde entwickelt, um in möglichst kurzer Zeit alle Abschnitte in einem Text zu finden, die mit einer Suchanfrage bis auf eine bestimmte Anzahl von *mismatches* identisch sind. Für biologische Sequenzen bedeutet das, dass der Wu-Manber-Algorithmus fast identische Sequenzabschnitts-paare finden kann und dabei Mutationen zulässt. Insbesondere beim Alignment von Proteinsequenzen, für die Kalign gebaut wurde, führt dieses Vorgehen im Vergleich zu k-mer-Distanzen zu erhöhter Genauigkeit, da die große Menge der Aminosäuren Unterschiede in den Sequenzen wahrscheinlich macht.

Aus diesen approximierten Distanzen der Input-Sequenzen wird dann mit Hilfe von UPGMA ein *guide tree* erstellt. Für das progressive Alignment wird die Gonett250-Substitutionsmatrix verwendet und affine *gap penalty* (s. Abschn. 2.2.3). Auch hier nutzt Kalign moderne Implementierungen (z. B. Arrays an Stelle von Matrizen zur Aufzeichnung von Lücken in Sequenzen), die den benötigten Spei-cherplatz im Vergleich zu anderen MSA-Programmen reduzieren.

DIALIGN-T

DIALIGN-T ist eine Weiterentwicklung von DIALIGN und DIALIGN2 aus dem Jahr 2005, bei der jedoch die Tendenz von DIALIGN und DIALIGN2, lokale globalen Alignments vorzuziehen, durch eine Abwandlung der Bewertungsfunktion ausgeglichen wurde [110].

Die Funktionsweise dieser neuen Bewertungsfunktion soll im Folgenden in formalerer Sprache beschrieben werden. DIALIGN-T nutzt die drei Parameter T, L, M, um zwei Sequenzen S_1 und S_2 zu vergleichen. Diese Sequenzen werden nun schrittweise durchlaufen. An jedem Positionspaar (i, j) (wobei i in S_1 und j in S_2 liegt) werden dann alle zusammenhängenden Fragmente $f(i, j, k)$ aufgerufen, die eine Länge von k Zeichen aufweisen. Um nicht in Regionen, die keine gemeinsamen großen Fragmente enthalten, nach ebendiesen zu suchen, wird die Fragmentlänge k schrittweise von der Minimallänge M auf die Minimallänge T abgesenkt, bis passende, hoch bewertete Fragmente entstehen.

Fragmente, die diesen Kriterien entsprechen, werden in eine Menge F der Kan-didaten für das finale Alignment aufgenommen. Aus diesen wählt der DIALIGN-T dann die Fragmente, die möglichst hoch bewertete Diagonalen bilden. Wenn $w_{NW}(x)$ eine einfache Bewertungsfunktion auf der Basis des Needleman-Wunsch-Algorithmus ist, dann lässt sich die Bewertung $w_{DIALIGN-T}(f)$ des Fragmentes f folgendermaßen berechnen:

$$w_{DIALIGN-T}(f) = \frac{(w_{NW}(f) \cdot (w_{NW}(S_1, S_2))^2)}{\overline{S}}, \tag{3.1}$$

wobei $\overline{S}$ die Summe der Needleman-Wunsch-Bewertungen aller Sequenzpaare im MSA darstellt.

Durch das Einbeziehen der Ähnlichkeit der Sequenzen S_1, S_2 in die Berechnung, werden solche Fragmente höher bewertet, die zu ähnlichen Sequenzen gehören. Dadurch werden seltener als bei DIALIGN und DIALIGN2 falsche Fragmente in MSAs eingebaut und somit die Qualität der entstehenden MSAs erhöht. Da die Methode zur Generierung des MSAs aus Diagonalen jedoch bei DIALIGN-T beibehalten wurde, lässt es sich weiterhin gut für lokale MSA-Probleme einsetzen.

ProbCons

Eines der größten Probleme des in Abschn. 2.3.2 beschriebenen progressiven Ansatzes ist dessen Eigenschaft, dass in einem frühen Schritt eingebaute Fehler nicht wieder korrigiert werden. Während z. B. der iterative Ansatz dieses Problem angeht, indem versucht wird, diese Fehler nachträglich auszubessern, verfolgt ProbCons die Strategie „Vorsorge ist besser als Nachsorge". Dazu vereint es als erstes MSA-Programm Charakteristika des probabilistischen und konsistenzbasierten Ansatzes miteinander [21].

ProbCons geht im Prinzip so vor, wie in Abschn. 2.3.5 beschrieben ist, und ist somit das erste MSA-Programm, das HMMs zur Erzeugung von MSAs nutzt. Die dafür notwendigen Wahrscheinlichkeiten werden von ProbCons auf der Basis der Konsistenz der einzelnen Zeichen abgeschätzt. Abschließend wird das MSA mit Hilfe eines iterativen Ansatzes aufgebessert.

M-Coffee

M-Coffee ist eine Weiterentwicklung von T-Coffee, das den Output mehrerer MSA-Programme zu einem akkurateren MSA zusammensetzt [122]. M-Coffee implementiert somit eine Variante der Meta-Methode (s. Abschn. 2.3.6).

Dafür erweitert M-Coffee die in T-Coffee eingesetzten *libraries* dergestalt, dass auch MSAs eingelesen werden können. Als Basis für M-Coffee dienten ursprünglich die Programme ClustalW, T-Coffee, ProbCons, PCMA, MUSCLE, DIALIGN2, DIALIGN-T, MAFFT und POA; diese Liste wurde seit der Veröffentlichung von M-Coffee jedoch z. B. um Kalign erweitert.

Die einzelnen MSA-Programme, die von M-Coffee genutzt werden, erhalten eine Gewichtung, wodurch eine manuelle Auswahl keinen Einfluss auf die Genauigkeit von M-Coffee hat. Zur Berechnung dieser Gewichtungen liegen vier verschiedene Methoden in M-Coffee bereit, die entweder Unterschiedlichkeit oder Genauigkeit (gemessen mit HOMSTRAD als Benchmark-Datensatz, s. Abschn. 4.2.5) der Methoden stärker gewichten. Diese Gewichtung soll sicherstellen, dass M-Coffee möglichst diverse MSA-Programme zur *library*-Erzeugung nutzt und somit qualitativ hochwertige MSAs erzeugt werden können.

R-Coffee und RM-Coffee

R-Coffee und RM-Coffee sind Programme aus der T-Coffee-Familie, die speziell der Erzeugung von MSAs aus RNA-Sequenzen dienen [127].

Dafür sind mehrere Modifikationen des Ablaufes von T-Coffee notwendig. So geschieht z. B. die Erzeugung der *libraries* bei R-Coffee nicht alleinig auf der Basis von RNA-spezifischen MSA- und PSA-Programmen, sondern außerdem auf Programmen, die Sekundärstrukturen von RNA-Sequenzen vorhersagen. Damit besteht gewissermaßen eine höhere Ähnlichkeit von R-Coffee zu 3D-Coffee als zur ursprünglichen Herangehensweise von T-Coffee. So nutzt R-Coffee zur Strukturvorhersage je nach Menge und Länge der zu alignierenden Sequenzen z. B. die Programme RNAfold [41] und RNAplfold [9] und kann außerdem die Ausgaben der RNA-MSA- und RNA-PSA-Programme Consan und Stemloc zur Generierung von MSAs aufnehmen.

Bei RM-Coffee wurde die Herangehensweise von M-Coffee, viele verschiedene MSA-Programme zu verknüpfen, auf RNA-Sequenzen angewendet. Dabei werden die Programme Muscle, Probcons und MAFFT (mit den g-ins-i- und fft-ns-Methoden) zur Erzeugung der M-Coffee-typischen *library* verwendet.

DIALIGN-TX

DIALIGN-TX nutzt, im Gegensatz zu den anderen Vertretern der DIALIGN-Familie, zur Generierung von MSAs einige Aspekte der progressiven Methode. Zusätzlich nutzt es zur Bewertung von Fragmenten, also den lückenfreien, alignierten Sequenzbereichen, auf denen alle Programme der DIALIGN-Familie basieren, unter anderem auch die allgemeine Ähnlichkeit der Sequenzen, aus denen die alignierten Fragmente stammen. Diese Herangehensweise wurde gewählt, da sich auch in ansonsten sehr unähnlichen Sequenzen kürzere Fragmente finden können, die mit hohem Gewicht aligniert werden können, aber dennoch wahrscheinlich nicht evolutionär miteinander verwandt sind [109].

Um das zu erreichen, nutzt DIALIGN-TX den folgenden Algorithmus: Zunächst wird ein *guide tree* auf der Basis von paarweisen Distanzwerten aus PSAs erstellt, dann werden die zu alignierenden Sequenzen anhand dieses *guide trees* sortiert paarweise aligniert. Auf der Basis dieser PSAs werden dann Fragmente erzeugt und für diese Bewertungen berechnet, die die Wahrscheinlichkeit widerspiegeln, dass ein solches Fragment in zufälligen Sequenzen dieser Ähnlichkeit vorkommt. Anhand der Bewertungen werden sie in zwei Gruppen eingeteilt, F_0 und F_1, wobei Letztere aus Fragmenten mit überdurchschnittlich hohen Bewertungen besteht. Aus dieser zweiten Gruppe wird dann in einem progressiven Verfahren ein erstes MSA generiert, zu welchem in einem zweiten Schritt die Fragmente der Gruppe F_0 hinzugefügt werden. Schließlich überprüft DIALIGN-TX, ob aus denselben zu alignierenden Sequenzen mit der Methodik von DIALIGN-T ein MSA mit höherer

Gesamtbewertung zu erzeugen ist. Sollte das der Fall sein, wird dieses zweite MSA an Stelle des von DIALIGN-TX erzeugten MSAs ausgegeben.

PRALINE™

PRALINE™ wurde gezielt für MSAs von Transmembranproteinen (deren Besonderheiten in Abschn. 2.3.8 beschrieben sind) entwickelt und baut auf PRALINE auf [90].

Um sowohl die hydrophoben als auch die hydrophilen Bereiche der Proteine korrekt zu alignieren, werden in einem ersten Schritt die Transmembranendomänen der Inputsequenzen vorhergesagt, wozu z. B. die Programme Phobius [44], TMHMM [53] oder HMMTOP [118] genutzt werden können. Diese Domänenpositionsinformation wird genutzt, um in einem klassischen, dynamisch-progressiven Verfahren bei den hydrophoben Bereichen (an Stelle der in hydrophilen Bereichen genutzten BLOSUM62-Matrix) die speziell für das Alignment von solchen Sequenzen entwickelte PHAT-Matrix zum Bewerten der PSAs einzusetzen [75]. Abschließend wird das MSA mit Hilfe eines iterativen Ansatzes aufgebessert.

PRANK

Es gibt einen kleinen und nur selten beachteten Unterschied zwischen Lücken, die durch Insertionen bzw. Deletionen erzeugt werden: Letztere müssen nur in den Sequenzen eingesetzt werden, die diese Deletion tragen, während eine Insertion in einer Sequenz Lücken in allen anderen Sequenzen erzeugt.

PRANK (*PRobabilistic AligNment Kit*) unterscheidet zwischen Insertions- und Deletions-induzierten Lücken zum Erzeugen von akkurateren MSAs. Es nutzt dafür einen recht klassischen probabilistischen Ansatz (s. Abschn. 2.3.5) mit pair-HMMs, gekoppelt an ein besonderes Verhalten bei der Bestimmung von *gap penalties* in der progressiven Phase. Für eine Stelle, an der eine früher bearbeitete Sequenz eine Insertion trägt, werden keine *gap penalties* bei neuen Sequenzen berechnet; Stellen, an denen in einer anderen Sequenz eine Deletion liegt, werden wie üblich behandelt [63, 64].

Um zu entscheiden, ob eine Insertion oder eine Deletion vorliegt, nutzt PRANK einen recht theoretischen Algorithmus; hier soll eine stark vereinfachte und verkürzte Variante dargestellt werden. Im Prinzip wird entschieden, ob die Ursprungssequenz, also eine theoretisch angenommene Sequenz, aus der sich die alignierten Sequenzen evolutionär entwickelt haben, an der beachteten Stelle ein Zeichen hat oder ob das Zeichen Folge einer Insertion ist. Hierbei wird auf Methoden der Phylogenie zurückgegriffen, um einen möglichst sparsamen und somit wahrscheinlichen Entwicklungsverlauf als Stammbaum darzustellen. Grob kann jedoch festgehalten werden, dass sich das Programm eher für eine Deletion entscheidet, wenn in den Sequenzen an dieser Stelle wenige Lücken vorliegen und für eine Insertion, wenn viele Sequenzen hier Lücken aufweisen. Bei Gleichstand wird zufällig entschieden.

Auf diese Art und Weise kann PRANK MSAs mit recht genauer Lückenpositionierung erzeugen; allerdings ist die Methodik zur Unterscheidung zwischen Insertionen und Deletionen nur bei evolutionär recht nah verwandten Sequenzen verlässlich, sodass auch nur solche Sequenzen mit PRANK aligniert werden sollten.

PSI-Coffee und TM-Coffee

PSI-Coffee und TM-Coffee sind zwei sehr ähnlich funktionierende Programme der T-Coffee-Familie. Beide nutzen *homology extension* als einen erster Schritt zur Erzeugung der T-Coffee-typischen *libraries* [27, 50].

Dazu werden die zu alignierenden Sequenzen als *queries* für PSI-BLAST-Suchen genutzt. Diejenigen Resultate der Suchen, die eine Sequenzidentität von $50 - 90$ % und Überschneidung von >70 % mit der jeweiligen Ausgangssequenz aufweisen, werden dann mit ebendieser zu einem Sequenzprofil zusammengezogen. In diesen Sequenzprofilen ist abgebildet, wie evolutionär variabel die einzelnen Stellen der zu alignierenden Sequenzen sind. Die *library*, aus der schließlich das MSA errechnet wird, wird aus PSAs gewonnen, die auf der Basis eines *pair-HMM* erzeugt wurden.

Während für PSI-Coffee eine Datenbank aus nicht-redundanten Proteinsequenzen aus UniProt mit >50 % Sequenzidentität mit PSI-BLAST durchsucht wird, besteht diese im Fall von TM-Coffee ausschließlich aus Transmembrandomänen, wodurch es eine hohe Genauigkeit für MSAs für Transmembranproteine erhält [15].

MSAProbs

MSAProbs kombiniert Methoden aus den progressiven, iterativen und probabilistischen Ansätzen, um möglichst akkurate MSAs zu erzeugen [61].

MSAs werden von MSAProbs in einem fünfschrittigen Verfahren erzeugt: Zunächst werden mit Hilfe von *pair-HMM* (s. Abschn. 2.3.5) paarweise Alignmentwahrscheinlichkeiten berechnet, die in einem zweiten Schritt dazu dienen, für alle möglichen Sequenzpaare Distanzen zu berechnen. Auf dieser Basis ermittelt MSAProbs sowohl einen *guide tree* als auch Gewichte für die zu alignierenden Sequenzen und erzeugt dann anhand des *guide trees* ein progressives Alignment, für das außerdem die bereits berechneten Alignmentwahrscheinlichkeiten zur Hand genommen werden. Schließlich wird das Alignment iterativ verbessert, wie in Abschn. 2.3.3 beschrieben ist.

Insbesondere für das Alignieren von Proteinen mit lange N- oder C-terminalen Extensionen eignet sich MSAProbs besonders gut [8].

PicXAA

PicXAA (*ProbabilistIC maXimum Accuracy Alignment*) ist ein weiteres Programm, das einen probabilistischen Ansatz nutzt, allerdings ist dieser nicht mit einem progressiven Aufbau des Alignments verbunden [96, 97].

Das MSA wird stattdessen von den am sichersten alignierten Sequenzabschnitten ausgehend aufgebaut, wodurch PicXAA sowohl lokale als auch globale Zusammenhänge fassen kann. Dazu wählt es einen ähnlichen Ansatz wie ProbCons, nutzt jedoch eine andere Methode zum Abschätzen der Wahrscheinlichkeit einzelner Zeichen in PSAs aligniert zu sein. Wo ProbCons eine einfache Konsistenz-basierte Methode nutzte, bei der für das Alignment zweier Sequenzen x und y eine weitere, mit diesen beiden konsisitente Sequenz z gesucht wird, nutzt PicXAA eine Erweiterung, die alle möglichen konsistenten Sequenzen Z einbezieht. Dies ist nur möglich, da PicXAA kompliziertere Berechungen auf der Basis von Alignmentwahrscheinlichkeiten zwischen den verschiedenen Sequenzen anstellt.

Darauf aufbauend erzeugt PicXAA an der Stelle eines *guide trees* einen Graphen, in dem die Knoten die Nukleotide oder Aminosäuren des Alignments darstellen, während die gerichteten Verbindungen die Reihenfolge der Zeichen in den Sequenzen repräsentieren. Diese Graphstruktur wird nicht, wie z. B. bei Sequenzprofilen der Fall, sequenzweise aufgebaut, stattdessen wird in jedem Schritt ein Paar von alignierten Nukleotiden bzw. Aminosäuren hinzugefügt. Zusätzlich werden diese Zeichenpaare ihrer Alignierwahrscheinlichkeit nach geordnet dem Graphen hinzugefügt. Schließlich kann diese Graphstruktur recht einfach in ein MSA übersetzt werden.

AlignMe

AlignMe ist eines der MSA-Programme, das speziell für das Alignment von Proteinen mit Transmembrandomänen (deren Besonderheiten in Abschn. 2.3.8, Paragraph „*Transmembranproteine*" beschrieben sind) entwickelt worden ist [105].

Es folgt dabei im Groben dem Ansatz von PRALINE^{TM} und behandelt unterschiedliche Sequenzabschnitte unterschiedlich, ist dabei jedoch konsequenter als PRALINE^{TM}: So werden z. B. unterschiedliche *gap penalties* für Transmembran- und Nicht-Transmembrandomänenbereiche, aber auch für Kernbereiche und C- und N-terminale Bereiche berechnet. Dadurch können konservierte Proteindomänen in variablen Umgebungen gut identifiziert und unterschiedlich behandelt werden.

Im Laufe der Entwicklung von AlignMe wurden drei verschiedene, aufeinander aufbauende Modi dieses Programms erzeugt. Sie unterscheiden sich hauptsächlich in der Methodik, die sie nutzen, um die Proteinsequenzen in unterschiedliche Abschnitte einzuteilen. AlignMeP, das einfachste dieser Modi, nutzt allein eine *position specific scoring matrix*, also Sequenzprofile, um MSAs zu erzeugen. Mit diesen ist es dem Programm möglich, einfache evolutionäre Informationen aus den Sequenzen zu extrahieren. Die akkurateste der Modi, AlignMePS, nutzt als zu den Sequenzprofilen zusätzliche Informationsquelle die Sekundärstrukturen der zu alignierenden Sequenzen, welche mit Hilfe des Programmes PSIPRED3.2 [43] berechnet werden. AlignMePST, schließlich, sagt mit Hilfe des Programmes OCTOPUS [119] Transmembrandomänen in den zu alignierenden Sequenzen voraus und nutzt diese Information neben denen, die auch in den anderen Modi bereitstehen.

Clustal Omega

Clustal Omega ist das jüngste MSA-Programm aus der Clustal-Familie und erfreut sich wegen seiner hohen Geschwindigkeit großer Beliebtheit [100]. Die Geschwindigkeit erreicht es durch *mBed*, einer Methode zur Generierung des *guide trees*, die schneller ist als die klassische Berechnung von paarweisen Distanzen und das darauffolgende Clustern mit z. B. UPGMA [10].

Um das zu erreichen, kodiert *mBed* die einzelnen DNA- oder Proteinsequenzen als Vektoren, deren Distanz im hochdimensionalen Vektorraum die Unterschiedlichkeit der Sequenzen reflektiert. Dazu werden aus dem Inputdatensatz anhand verschiedener Charakteristika t Sequenzen ausgewählt und als sogenannte *seeds* genutzt. Dann wird jede Sequenz des Inputdatensatzes mit diesen *seeds* verglichen – dabei werden klassische Vergleichsmethoden wie z. B. *k-mer*-Distanzen genutzt. Dieser Prozess, *embedding* genannt, reduziert die Laufzeit der Berechnung des *guide trees*, da hier nicht mehr alle Sequenzen paarweise miteinander verglichen werden, sondern nur einmal in diesen hochdimensionalen *embedding space* überführt werden müssen. Da Clustal Omega dadurch sehr schnell MSAs erzeugen kann, bietet es sich für große Datenmengen an.

Clustal Omega erlaubt es zusätzlich, bereits generierte MSAs als Template für weitere Alignments zu benutzen. Dazu wird das Alignment zunächst zu einem Profil-HMM umgeformt und dann neue Sequenzen daran aligniert. Diese Profil-HMMs sind nicht identisch mit *pair-HMMs*, die in Abschn. 2.3.5 beschrieben sind, da sie nicht die Wahrscheinlichkeiten, dass zwei Sequenzen miteinander aligniert sind, approximieren, sondern die Zusammensetzung eines Sequenzprofils. Profil-HMMs sind also probabilistische Annäherungen an Gruppen von alignierten Sequenzen und werden z. B. vom Programm HMMER genutzt, um homologe Sequenzen in Datenbanken zu finden [22].

Bei Clustal Omega werden Profil-HMMs als Kompression älterer Informationen genutzt, sodass nun an diese, bereits bestehenden Alignments weitere Sequenzmengen aligniert werden können. Die Autoren nennen das *external profile alignment* und nutzen diese Methode auch für iteratives Verbessern der finalen MSAs.

ReformAlign

ReformAlign ist im strengen Sinne kein MSA-Programm, da es keine MSAs erzeugen kann, allerdings bereits bestehende MSAs akkurater macht [65]. Somit stellt es eines der ersten Beispiele für eine neue Klasse von MSA-Programmen dar, für die Programme wie Clustal Omega den Weg bereitet haben.

Dazu wird aus dem ursprünglichen MSA zunächst ein Sequenzprofil berechnet, welches daraufhin iterativ verbessert wird. Jede einzelne Sequenz aus dem MSA wird erneut an dieses Profil aligniert, und daraufhin mit den anderen Alignments zu einem finalen Alignment kombiniert. Diese Berechnungsschritte entsprechen somit grundsätzlich denen des iterativen Ansatzes (s. Abschn. 2.3.3) und dienen dazu, in früheren Alignmentschritten „gefrorene" Fehler zu entfernen. Allerdings ist ReformAlign bisher durch Details in der Implementierung der Sequenzprofile auf DNA- und RNA-Sequenzen beschränkt und kann Proteinsequenzen nicht bearbeiten.

DECIPHER

DECIPHER, das neueste der MSA-Programme, die in diesem Abschnitt vorgestellt werden, nutzt einen progressiven Ansatz mit iterativer Verbesserung, um MSAs zu generieren [128]. Jedoch sind die einzelnen Alignment-Schritte bei DECIPHER stark davon abhängig, in welchen Sekundärstrukturen die gerade zu alignierenden Aminosäuren in den Inputsequenzen vorliegen.

Um diese Informationen zu erhalten, ist der erste Arbeitsschritt von DECIPHER eine Sekundärstrukturvorhersage durch eine Re-Implementation des Tools GOR [30]. Anhand der Sekundärstruktur werden die einzelnen Aminosäuren der Sequenzen in eine der Gruppen H (für α-Helix-Strukturen), E (für β-Faltblätter) und C (für coil-Strukturen) eingeteilt. In einem zweiten Schritt wird ein *guide tree* berechnet, bei dem sowohl die einfache k-mer-Anzahl als auch deren Reihenfolge beachtet wird, wodurch im Prinzip eine räumliche k-mer-Distanz berechnet wird. Bei dem im dritten Schritt durchgeführten Füllen der Wertematrix durch dynamisches Programmieren (s. Abschn. 2.3.2) spielen die im ersten Schritt vorhergesagten Sekundärstrukturen eine wichtige Rolle. Neben dem Wert, der der in DECIPHER genutzten MIQS-Substitutionsmatrix [130] entnommen werden kann, wird für jedes zu alignierende Zeichenpaar ein weiterer Wert berechnet, der die Wahrscheinlichkeit angibt, dass zwei Zeichen der respektiven Sekundärstrukturgruppen miteinander aligniert werden.

DECIPHER nutzt affine und kontextabhängige *gap penalties*, berechnet also unterschiedliche *penalties* für *gap opening* und *gap extension* und passt diese an die Sequenzumgebung an. Hervorzuheben ist hier die *gap extension penalty*, die annimmt, dass in biologischen Sequenzen Lücken eine sogenannte Zipf'sche Verteilung besitzen und somit für jede Verlängerung der Lücke Kosten proportional zur bisherigen Lückenlänge hoch −1 anfallen. Außerdem werden beide *penalties* daran angepasst, wie divergent die zu alignierenden Sequenzen sind, was dazu führt, dass sie bei nah verwandten Sequenzen mehr ins Gewicht fallen.

Teil II

Welcher MSA-Algorithmus ist passend für mich?

Details zur Analyse der Programme

4

In diesem Kapitel soll erklärt werden, wie die Ergebnisse, die in Kap. 5 dargestellt sind, erzeugt wurden. Im Kern soll das dazu dienen, die für dieses Buch vorgenommenen Analysen nachvollziehbar und reproduzierbar zu machen, um sie also wissenschaftlich korrekt darzulegen. Zusätzlich lässt sich aber aus diesem Ansatz auch Generelles zum Vergleich von Programmen und den spezifischen Problemen des Vergleichs von MSA-Programmen lernen. Um das zu unterstützen, ist der erste Abschnitt dieses Kapitels noch grobkörnig und allgemeiner gehalten, wohingegen die späteren Abschnitte technisch genauere Beschreibungen der hier vorgenommenen Berechnungsschritte enthalten und deswegen auch trockener wirken können.

4.1 Benchmarking

Ein Wettrennen der Programme

Stellen wir uns vor, wir haben mehrere Programme, die im Prinzip dieselben Probleme unterschiedlich gut lösen können und wollen nun das Beste dieser Programme identifizieren. Um diesen Vergleich ziehen zu können, werden natürlich mehrere Formulierungen des Problems benötigt, deren Lösungen (engl. *ground truth*) bekannt sind. Wird so ein Datensatz an Problemen als Input für die zu testenden Programme genutzt, so können wir die Qualität der Programme daran ablesen, wie weit deren Ausgaben von dem wirklichen Resultat entfernt sind. Dieser Vorgang wird Benchmarking genannt. Die dazugehörigen Benchmark-Datensätze haben sich üblicherweise als Konsens in der Community, die an einem bestimmten Problem arbeitet, durchgesetzt. Neben der Korrektheit der Ausgaben des Programmes ist es außerdem von Interesse, die Geschwindigkeit der Programme bei der Verarbeitung dieser Benchmarkdatensätze zu vergleichen.

© Springer-Verlag GmbH Deutschland, ein Teil von Springer Nature 2019
T. Sperlea, *Multiple Sequenzalignments*,
https://doi.org/10.1007/978-3-662-58811-6_4

Abb. 4.1 Ein paar Beispiele
für die Daten im
MNIST-Datensatz. Die
Zahlen über den Teilbildern
zeigen das *label*, also die
korrekte Antwort

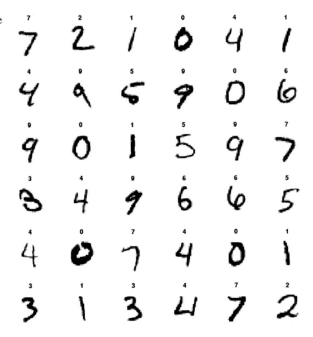

Ein Beispiel für einen Benchmark-Datensatz ist MNIST (*Modified National Institute of Standards and Technology*), der via http://yann.lecun.com/exdb/mnist/ herunterladbar ist [58]. Dieser Datensatz wird in der Regel genutzt, um herauszufinden, wie gut Programme handschriftliche Zahlen erkennen können und enthält deswegen ebensolche als Pixelgrafiken mit den dazugehörigen *labels*, also den korrekten Zahlen (Abb. 4.1). Diese handschriftlichen Zahlen wurden in mühsamer Handarbeit annotiert, sodass den *labels* ein hohes Maß an Vertrauen entgegengebracht werden kann. Da dieser Datensatz der Standard-Benchmark-Datensatz für diese Art von Problem ist, liegen für eine beachtenswerte Liste von Programmen Testergebnisse vor (s. http://yann.lecun.com/exdb/mnist/).

Aus dieser Beschreibung ergibt sich, dass ein guter Benchmark-Datensatz folgende Eigenschaften haben sollte [4]:

- eine in der Community weitläufige Nutzung
- leichte Erreichbarkeit und Handhabbarkeit
- eine Größe und interne Diversität, die realistischen Situationen ähnlich ist
- vertrauenswürdige *labels*
- einfache, gleichbleibende Methoden zur Berechnung der Genauigkeit bzw. Qualität der Programme im Benchmarking

Viele dieser Punkte sind voneinander (wie z. B. die Größe des Datensatzes, dessen Handhabbarkeit erschweren kann) und von der Problemstellung (wie z. B. der letzte Punkt) abhängig.

Die Krux mit den MSA-Benchmarks

Wir möchten nun etwas Zeit darauf verwenden, uns zu überlegen, wie Benchmark-Datensätze für MSAs aussehen müssten und wie diese generiert werden könnten. Diese Datensätze müssten auf Inputseite aus mehreren nicht-alignierten DNA-, RNA- oder Proteinsequenzen bestehen, wohingegen die *labels* vollständige und korrekt alignierte MSAs sein müssten. Bei der Sammlung von Daten ergibt sich jedoch ein Problem: Da MSAs weder „einfach so" in der Natur vorkommen noch auf intuitive Art und Weise von Menschen hergestellt werden können (im Gegensatz zum Beschriften von Zahlen im vorherigen Beispiel), stellt sich die Frage, wie sich eine vertrauenswürdige *ground truth* bilden lässt.

Die meisten Benchmark-Datensätze für MSAs wurden auf der Basis von Proteinstrukturen konstruiert. Die Argumentation dafür ist im Kern folgende: Wenn Proteine an bestimmten Stellen ähnliche oder gleiche Strukturen aufweisen, dann sind diese Abschnitte wahrscheinlich evolutionär konserviert und müssten in einem MSA somit auch miteinander aligniert sein. Die so erzeugten MSAs werden dann, im Fall der meisten Benchmark-Datensätze, manuell von Fachpersonen überprüft und korrigiert. Allerdings können die auch evolutionären Verhältnisse lediglich rekonstruiert und nicht beobachtet werden, wodurch die Benchmark-Datensätze hochgradig artifiziell bleiben und ihre Qualität stark von den Methodik abhängt, mit der die Sequenzen ausgesucht werden. Sehr problematisch ist, dass sich die Qualität eines Benchmark-Datensatzes nicht berechnen lässt, sondern nur anhand der Methodik eingeschätzt werden kann.

Alternativ zu den eben beschriebenen „realen" Datensätzen gibt es synthetisch generierte MSA-Benchmark-Datensätze. Bei diesen wird die Evolution von biologischen Sequenzen modelliert, also künstlich-mathematisch nachempfunden. Das hat den großen Vorteil, dass klar ist, welche Sequenzabschnitte evolutionär konserviert sind, da die Entwicklung Schritt-für-Schritt beobachtet werden kann. Außerdem können hier beliebig große Datensätze generiert werden. Ob diese künstlichen Datensätze jedoch für Benchmarks geeignet sind, steht und fällt damit, wie realistisch das unterliegende Modell von Sequenzevolution ist.

Wir sehen also, dass die Qualität von Benchmark-Datensätzen für MSAs eingeschränkt ist, gleich welche Methode zu deren Erzeugung genutzt wird [4, 25]. Ein weiteres Problem mit Benchmark-Datensätzen für MSAs ist deren geringe Zahl, was zur Folge hat, dass die meisten MSA-Programme im Laufe der Entwicklung mit diesen wenigen, bekannten Benchmarks getestet und somit auf diese feinjustiert werden. Das führt potenziell zu einem Effekt namens *overfitting*: Während die Programme die Datensätze, die bei deren Konstruktion vorhanden waren, sehr gut bearbeiten können, gehen sie bei einem beliebigen neuen Problem in die Knie und zeigen eine sehr geringe Qualität. Da jedoch bisher keine anderen Methoden zur Erzeugung von MSA-Benchmark-Datensätzen beschrieben wurden, haben sich nun bestimmte Datensätze zum Benchmarking von MSA-Programmen durchgesetzt. Ein wichtiger Aspekt in der Entwicklung dieser Datensätze ist, dass es für Sonderfälle der getesteten Problematik (wie im Fall der MSAs, die im Abschn. 2.3.8 aufgelistet sind) spezifische Benchmark-Datensätze gibt, sodass diese spezifisch getestet werden können.

4.2 Genutzte Benchmark-Datensätze

4.2.1 BAliBASE

BAliBASE (*Benchmark Alignment dataBASE*) ist der älteste Datensatz, der sich (seit dem ersten Gebrauch im Jahre 1999) aufgrund seiner Vielseitigkeit als Standard-MSA-Benchmark-Datensatz für Proteinsequenzen durchgesetzt hat [112,113]. BAliBASE enthält viele Problem-Beispiele aus bestimmten Sonderfällen von MSAs. Außerdem wurde BAliBASE seit der ersten Veröffentlichung mehrfach überarbeitet, und in den neueren Versionen wurden z. B. die Anzahl der Referenzdatensätze erhöht [6] und die Methode zur Generierung des Benchmark-Datensatzes an den Stand der Technik angepasst [115].

Die Alignments in BAliBASE basieren auf Proteinstrukturinformationen, wie sie z. B. in der *Protein Database* (PDB) vorhanden sind. Das bedeutet, dass in den Sequenzalignments Proteinsequenzabschnitte, die ähnliche Tertiärstrukturen zeigen und somit wahrscheinlich evolutionär miteinander verwandt sind, miteinander aligniert sind. Da jedoch die Aufklärung einer Proteinstruktur durch z. B. Proteinkrisallografie recht aufwendig und nicht allzu gut zu automatisieren ist, ist die Anzahl der vorhandenen, bekannten Strukturen recht gering. Um nicht auf diese kleine Anzahl von Sequenzen reduziert zu sein, wird seit BAliBASE v3 folgende Methodik eingesetzt [115]:

Für jede Proteinfamilie, die in den Datensatz eingeführt werden soll, werden zunächst all jene Sequenzen genutzt, zu denen eine Proteinstruktur in PDB vorhanden ist. Mit diesen Sequenzen werden Suchen mit Hilfe von PSI-BLAST (s. Abschn. 2.4.2) in PDB nach verwandten Proteinen gestartet. In einem zweiten Schritt werden Sequenzen, die sich zu ähnlich sind (>40 % Sequenzidentität), aus dem Datensatz entfernt, sodass nur Proteinsequenzen in der Nähe der *twilight zone* (s. Abschn. 2.3.8, im Paragraphen „*Die twilight zone*") übrig bleiben. Mit Hilfe des Programmes SAP [111] werden dann die Strukturen dieser Proteine übereinandergelegt, wodurch sich ein MSA ergibt. Dieses wird schließlich manuell kontrolliert und bei Bedarf korrigiert. Um verschiedene Sonderfälle von MSAs getrennt voneinander testen zu können, werden die so erhaltenen MSAs in zehn Referenzsets aufgeteilt.

Referenzset 1: evolutionäre Distanzen

Im Referenzset 1 sind solche MSAs gesammelt, deren Einzelsequenzen recht niedrige Sequenzidentitätswerte untereinander aufweisen, und somit für viele MSA-Programme nicht korrekt zu alignieren sind. Ein Teil der Sequenzen, die in der

Tab. 4.1 Übersicht über weithin genutzte MSA-Benchmarkdatensätze. Kursiv geschriebene Datensätze bzw. Subdatensätze wurden in der Analyse im Kap. 5 nicht verwandt. Falls nicht anders angegeben, handelt es sich bei den Sequenzen in den Datensätzen um Proteinsequenzen

Quelle	Datensatz	Typ	
BAliBASE	R1 (RV11)	Distanz	www.lbgi.fr/balibase/
	R1 (RV12)	Distanz	
	R2	Distanz	
	R3	Distanz	
	R4	Terminale Insertionen	
	R5	Insertionen (lokal)	
	R6	Repeats	
	R7	Transmembranproteine	
	R8	Inversionen	
	R9 (RV911)	Distanz	
	R9 (RV912 RV942)	Normal	
	R10	Komplex	
Bralibase		RNA	http://projects.binf.ku.dk/ pgardner/bralibase/
bench1.0	bali2dna	DNA	http://drive5.com/bench/
	OXBENCH	Normal	
	PREFAB 4	Pairwise	
	SABmark	Distanz	
	MU-Sabre	Distanz	
	MU-OXBENCH	Normal	
	OXBENCH-X	Normal	
	bali2dnaf	DNA	
	bali3	Normal	
	bali3pdb	Normal	
	bali3pdbm	Normal	
IRMBase		Insertionen (lokal)	http://dialign-tx.gobics.de/ download
DIRMBASE		DNA (lokal)	http://dialign-tx.gobics.de/ download
Rose		Terminale Insertionen	http://probalign.njit.edu/ standalone.html
Homstrad		Normal	http://mizuguchilab.org/ homstrad/download.html

Untergruppe RV11 versammelt sind, weisen eine Sequenzidentität von <20 % auf und liegen somit eindeutig in der sogenannten *twilight zone* (s. Abschn. 2.3.8, im Paragraphen „*Die twilight zone*"). Die andere Untergruppe, RV12, enthält Sequenzen mit Identitätswerten zwischen 20 und 40 %, die somit leichter zu alignieren sein dürften.

Referenzsets 2 und 3: Orphans und Familien

Die Referenzsets 2 und 3 in BAliBASE können genutzt werden, um zu testen, wie MSA-Programme mit bestimmten Verwandtschaftsstrukturen zwischen den Sequenzen umgehen. Die in Referenzset 2 enthaltenen Datensätze bestehen aus nah verwandten Sequenzen (mit >40 % Sequenzidentität) aus Proteinfamilien, die jedoch mit einer oder mehreren evolutionär weiter entfernten „*orphan*"-Sequenzen (<20 %) versehen sind. Datensätze in Referenzset 3 bestehen aus mehreren Protein-Subfamilien, bei denen innerhalb der Subfamilien Identitäten von >40 %, zwischen ihnen jedoch Sequenzidentitäten von <20 % bestehen. Bei beiden Referenzsets liegen bei mindestens einer der Sequenzen aus jeder Familie Informationen über die dazugehörige Proteinstruktur vor.

Referenzsets 4 und 5: Insertionen und Extensionen

Im Gegensatz zu den Sequenzen in den bisher besprochenen Referenzsets tragen die Sequenzen aus den Referenzsets 4 und 5 größere Insertionen. Bei Referenzset 4 tragen die Sequenzen terminale Extensionen, im Referenzset 5 befinden sich die zusätzlichen Aminosäuren im Inneren der Proteinsequenz. Diese Referenzsets eignen sich dazu, Aspekte von lokalem Alignment in MSA-Programmen zu testen.

Referenzsets 6, 7 und 8: Transmembranproteine, Repeats und Inversionen

Ein weiteres großes Einsatzgebiet von lokalen MSA-Algorithmen sind Proteinfamilien, die Sequenzwiederholungen (sog. *repeats*) oder Inversionen tragen. Diese können von den meisten klassischen, globalen MSA-Programmen häufig nicht erkannt werden. Beispielsequenzen zu diesen beiden Fällen befinden sich in den Referenzsets 6 bzw. 8. Um MSAs zu testen, die spezifisch für das Alignment von Transmembranproteinen (s. Abschn. 2.3.8, im Paragraphen „*Transmembranproteine*") geschaffen wurden, befinden sich in Referenzset 7 Familien genau solcher Proteine.

Referenzset 9: Motive in längeren Sequenzen

In Referenzset 9 werden Sequenzen gesammelt, die Sequenzmotive enthalten. Wie bereits in Abschn. 1.2, im Paragraphen „*Konservierte Sequenzabschnitte: Motive und Domänen*", besprochen, haben diese Motive oft wichtige Funktionen, sind z. B. Bindestellen für andere Motive oder Erkennungssequenzen für posttranslationale Modifikationen. Dieses Referenzset ist auf sogenannte lineare Motive fokussiert, welche nicht durch andere Sequenzen unterbrochen, meist drei bis zehn Aminosäuren lang und häufig von unstrukturierten (und somit hoch-variablen)

Sequenzabschnitten umgeben sind. Dieses Referenzset wurde erzeugt, um testen zu können, wie gut MSA-Programme diese, zum Teil leicht degenerierten, Motive erkennen können.

Referenzset 10: komplexe Datensätze

Im Gegensatz zu den anderen Referenzsets, die jeweils ein wohldefiniertes Problem beleuchten, wird mit den Datensätzen in diesem Referenzset versucht, reale MSA-Datensätze nachzubilden. Um das zu erreichen, wurden hier große Proteinfamilien gesammelt, die (i) in Subfamilien gemeinsame Strukturen zeigen, die jedoch nicht bei der ganzen Proteinfamilie auftauchen, (ii) Motive in ansonsten unstrukturierten Regionen tragen und (iii) Sequenzen enthalten, die nur fragmentarisch vorliegen oder Fehler enthalten.

Bewertung

BAliBASE hat sich durch die Vielfalt der einzelnen Referenzsets schnell als Goldstandard des MSA-Benchmarkings durchgesetzt. Insbesondere die halbautomatische Methodik zur Erzeugung der Datensätze trägt zu dessen Qualität bei. Jedoch bereitet insbesondere der manuelle Schritt der Methodik manchen Kritikern Bauchschmerzen, da dieser Tendenzen in die Daten einführen könnte [50]. Außerdem ist die Größe von BAliBASE durch diesen Schritt begrenzt. Das führt auch dazu, dass die einzelnen Testfälle recht wenig Sequenzen enthalten und deswegen unter Umständen im Benchmarking unrealistisch kleine Datenmengen verwendet werden [57].

Außerdem haben mehrere Autoren Fehler in den Referenzzsets angemerkt [4, 25]. Viele dieser Fehler sollten zwar in den Versionen 3 und 4 von BAliBASE behoben worden sein, jedoch ist insbesondere die neueste Version noch so jung (BAliBASE v4 ist noch nicht offiziell veröffentlicht, die Daten jedoch zugänglich), dass die Community noch nicht genug Zeit hatte, alte und neue Fehler in diesen Datensätzen zu finden. Schließlich ist ein Kritikpunkt an BAliBASE, dass die meisten Datensätze – selbst die, die explizit für lokale MSA-Programme erzeugt wurden – doch recht gut von global vorgehenden MSA-Programmen gelöst werden können [50, 110].

4.2.2 BRAliBASE

Da Protein-, DNA- und RNA-MSAs sehr unterschiedliche Ziele haben können und Protein- und Nukleinsäuresequenzen sehr unterschiedliche Eigenschaften (z. B. unterschiedlich große Alphabete) haben, sind neben Protein-MSA-Benchmark-Datensätzen auch solche notwendig, die aus DNA- bzw. RNA-Sequenzen bestehen. Das gilt insbesondere für RNA: Im Gegensatz zu DNA-Polymeren neigen

RNA-Moleküle dazu, 3D-Strukturen auszubilden, welche in MSAs korrekt aligniert werden wollen.

BRAliBASE (Benchmark RNA Alignment dataBASE), 2005 zum ersten Mal zusammengestellt, ist der erste Benchmark-Datensatz für RNA-MSAs gewesen [29]. Er basiert, analog zu BAliBASE, auf Vergleichen zwischen den Strukturen der zu alignierenden Sequenzen. Es existieren zwei verschiedene Versionen von BRAliBASE, die auf leicht unterschiedliche Art und Weise hergestellt wurden. BRAliBASE II, welches in dieser Analyse verwandt wurde, basiert im Kern auf von Hand kuratierten RNA-MSAs aus der Rfam-Datenbank (Version 5) [29, 35]. Aus dieser wurden spezifisch Sequenzen entnommen, die als rRNAs, Gruppe-II-Introns, SRPs, tRNAs oder U5-Spliceosome-RNA fungieren, und deswegen charakteristische und unterschiedliche Strukturen zeigen.

Für jede dieser fünf Gruppen wurden etwa 100 MSAs mit je fünf Sequenzen generiert, indem zunächst die Sequenzen aus der Datenbank so geclustert wurden, dass Gruppen von Sequenzen mit paarweisen Sequenzidentitäten zwischen 60 % und 95 % entstanden. Aus diesen Gruppen wurden dann mit ClustalW jeweils 100 Alignments mit fünf Sequenzen gebildet und diese dann nach Sequenzidentität in drei Gruppen (mit >75 %, <75 % und >55 % bzw. <55 % Identität) aufgeteilt [125].

Die Referenzalignments bei Version 2.1 von BRAliBASE wurden ausgewählt, indem all die von Hand kuratierten RNA-MSAs aus der Rfam-Datenbank (Version 7) aussortiert wurden, die entweder weniger als 50 Sequenzen aufwiesen oder deren durchschnittliche Sequenzlänge mehr als 300 bp betrugt [107]. Diese Sequenzen wurden dann anhand ihrer durchschnittlichen, paarweisen Sequenzidentität in unterschiedliche Gruppen eingeteilt (und nicht, wie in vII, nach ihrer Funktion).

BRAliBASE stellt bis heute den weitverbreitetsten Benchmark-Datensatz für MSAs von RNAs dar. Wie bei den anderen Benchmark-Datensätzen stellt sich jedoch die Frage, inwiefern die Referenzalignments hier realistische Situationen nachstellen. Die Kritik an BRAliBASE besteht zum einen darin, dass die darin enthaltenen Alignments auf simulierten (und nicht experimentell ermittelten) Strukturdaten basieren und somit deren Qualität von der Struktursimulation abhängt [50]. Jedoch sind nicht ausreichend viele experimentell belegte RNA-Strukturen in öffentlichen Datenbanken vorhanden, um diesen Kritikpunkt zu umgehen. Zum anderen scheint es so, dass die Auswahl der Sequenzen einen *bias* hin zu einfach zu alignierenden Sequenzen zeigt und somit „*too much of the good*" enthält [62]. Da dieses Problem erst vor Kurzem entdeckt worden ist, ist es jedoch wahrscheinlich, dass eine kommende Version von BRAliBASE auf diesen Kritikpunkt eingehen wird.

4.2.3 Bench

Bereits einige wenige Jahre nachdem BAliBase entwickelt worden ist, wurden die Limitationen dieses Datensatzes offenbar. Wie wir später sehen werden, wurde zum

Teil versucht, dieses Problem mit künstlichen Datensätzen zu lösen. Allerdings wurden auch weitere strukturbasierte MSA-Benchmark-Datensätze generiert, von denen einige heute nicht mehr erhältlich sind. Andere sind von Robert Edgar, der u. a. auch MUSCLE entwickelt hat, unter dem Namen Bench zusammengesetzt worden und als Paket im Internet herunterladbar. Im Folgenden werden wir die Eigenheiten und Erzeugungsmethoden der einzelnen Datensätze aus Bench genauer anschauen.

Oxbench

Grundlegend für Oxbench ist die inzwischen veraltete Datenbank 3Dee, die experimentell belegte Informationen darüber, welche Domänen sich wo auf Proteinsequenzen befinden, enthielt [93]. Aus dieser wurden 5428 Sequenzen aus 381 Familien von Proteindomänen entnommen, die bestimmte Qualitätskriterien erfüllen. Nachdem dieser Datensatz so ausgedünnt wurde, dass keine zwei Sequenzen eine Ähnlichkeit von >98 % aufwiesen, waren noch 218 Familien mit insgesamt 1168 Sequenzen vorhanden. Diese Sequenzfamilien wurden daraufhin anhand von paarweisen Sequenzidentitäten und mehreren Schwellenwerten in 672 Subfamilien unterteilt.

Um den finalen MSA-Datensatz zu erhalten, wurden schließlich all die Familien ausgeschlossen, die mehr als acht Domänen trugen, sodass hier nur noch 582 Sequenzfamilien blieben. Unter dem Namen Oxbench-X ist in Bench außerdem der „*extended*"-Datensatz vorhanden. Für diesen wurden den 672 Subfamilien weitere, sehr ähnliche Sequenzen hinzugefügt, die aus der Sequenzdatenbank SWALL entnommen worden sind.

Wie wir auch in anderen Subdatensätzen sehen werden, haben die Macher von Bench mehrere ihrer Subdatensätze mit dem Struktur-MSA-Programm MUSTANG re-aligniert (s. Abschn. 2.4.1) [52]. Dieser Subdatensatz von Oxbench findet sich in Bench unter dem Namen „oxm".

PREFAB

PREFAB (*Protein REFerence Alignment Benchmark*) wurde mit einem vollständig automatisierten Ablauf zusammengestellt [23]. Dabei wurde für jedes MSA, das schließlich in diesem Benchmark-Datensatz vorhanden war, in einem ersten Schritt ein paarweises Alignment zweier Proteinsequenzen vorgenommen. Hierfür wurde als Sequenzquelle auf die FSSP-Datenbank zurückgegriffen, die strukturelle Alignments von Proteinfamilien enthält. All die PSAs, deren Alignment sich zu stark von dem strukturellen Alignment in der Datenbank unterschied, wurden dann ausgeschlossen, um die Qualität des Datensatzes hochzuhalten. Um die verbleibenden PSAs zu MSAs zu erweitern, wurden dann die beiden Sequenzen jedes Alignments als Input-Sequenzen für PSI-BLAST genutzt. Aus den dabei erhaltenen Hits (mit einem *e-value* von >0,01 und mit einer maximalen Sequenzidentität von 80 %) wurden dann, wo möglich, 24 zufällige Sequenzen ausgewählt. Die insgesamt etwa 50 Sequenzen wurden dann in den Regionen aligniert, die sich bereits bei dem strukturellen Alignment der beiden Ursprungssequenzen als konservierte Regionen herausgestellt hatten.

Da das Referenzalignment in PREFAB allein auf dem PSA der Ursprungssequenzen basiert, ist davon auszugehen, dass dieser Datensatz nicht so akkurat ist wie z. B. die vollständig strukturbasierten MSAs in BAliBASE [4, 25]. Außerdem sind in der Bench-Version von PREFAB nur die beiden Ursprungssequenzen als Referenzalignment vorhanden. Dadurch ist dieser Datensatz für MSA-Benchmarking nur sehr begrenzt nützlich. In Bench ist PREFAB v4 enthalten.

SABmark bzw. SABRE

Ähnlich wie PREFAB ist auch SABmark (*Sequence Alignment BenchMARK*) automatisiert erzeugt worden, besteht jedoch nur aus MSAs, die eine sehr geringe bis niedrige Sequenzidentität (<50 %) aufweisen und somit z. T. nicht miteinander verwandt sind [124].

Die Grundlage für SABmark stellen die Strukturen in der SCOP-Datenbank dar. Aus dieser wurden strukturbasierte Alignments von Proteinpaaren entnommen, die mit den Programmen SOFI und CE erzeugt wurden. Nach einem Qualitätsfilterungsschritt, bei dem unvollständige Strukturen aussortiert worden sind, wurden die verbleibenden Strukturpaare in Untergruppen eingeteilt. Die Sequenzen des Subsets „*twilight zone*", die sehr geringe Identitätswerte aufweisen, wurden anhand von niedrigen phylogenetischen Kategorien unterteilt. Die Sequenzen des Subsets „*superfamilies*" wurden hingegen nach den Superfamilien aufgeteilt, die die SCOP-Datenbank vorhält.

Aus diesen Gruppierungen von strukturell alignierten Sequenzen wurden dann für den Datensatz Sabre, der auch in Bench vorhanden ist, MSAs generiert. Dabei wurden aus den 634 Sequenzgruppen, die in SABmark v1.65 vorhanden waren, 423 ausgewählt und anhand von innerhalb der Gruppe konsistenten Spalten aligniert [61]. Die anderen Sequenzgruppen enthalten weniger als acht solcher konsistenter Regionen und sind somit nicht konsistent alignierbar. Wie auch schon bei Oxbench wurden auch die Sequenzen aus Sabre mit MUSTANG neu aligniert; diese MSAs liegen unter dem Namen sabrem vor.

BAliBASE

Auch in Bench enthalten ist BAliBASE, dessen Details bereits in Abschn. 4.2.1 beschrieben worden sind. Allerdings liegt dieser Datensatz hier mit einigen Abwandlungen vor. Aus der Version 2 von BAliBASE wurden hier die Subdatensätze bali2dna und bali2dnaf abgeleitet. Für Ersteren wurden die Proteinsequenzen in DNA-Sequenzen umgeschrieben, wodurch Bench auch einen MSA-Benchmark-Datensatz für DNA enthält. Für letzteren Subdatensatz wurden in diesen DNA-Datensatz zusätzlich Frameshift-Mutationen modelliert, indem einzelne Basen inseriert wurden. Die Subdatensätze bali3 und bali3pdb enthalten die Daten aus BAliBase Version 3 bzw. den strukturellen Anteil von BAliBase v3. Dieser letzte Datensatz wurde zusätzlich, analog zu Sabre und Oxbench, mit MUSTANG realigniert und liegt so unter dem Namen bali3pdbm vor.

4.2.4 Künstliche Benchmarks: ROSE, IRMbase und DIRMbase

Neben den „natürlichen" MSA-Benchmark-Datensätzen wie BAliBASE, die auf Strukturvergleichen von in der Natur vorgefundenen Sequenzen basieren, gibt es auch solche, die aus künstlichen Sequenzen zusammengestellt worden sind.

Die meisten dieser künstlichen Datensätze wurde mit dem Programm ROSE generiert [108]. Das geschieht, indem eine Ursprungssequenz (unabhängig davon, ob es sich um Nukleotid- oder Aminosäuresequenzen handelt) wiederholterma-ßen mit Punktmutationen, Insertionen und Deletionen verändert wird, sodass Sequenzevolution anhand eines bestimmten stochastischen Modells vorgenommen wird. Dabei werden die Veränderungen an einem sogenannten „*mutation guide tree*" ausgerichtet, d. h. es ist im Vornherein festgelegt, wie viele Sequenzen in jedem Evolutionsschritt als Abwandlung einer bestimmten Ausgangssequenz erzeugt werden. Dadurch ist es möglich, dem Programm gewünschte evolutionäre Verwandtschaftsverhältnisse der erzeugten Sequenzen vorzugeben [108].

IRMBASE (*Implanted Rose Motifs BASE*), einer der am häufigsten genutzten künstlichen MSA-Benchmark-Datensätze, basiert auf von ROSE generierten, ver-wandten Sequenzen [110]. Solche verwandte Sequenzen wurden als Motive, also in der Form von kurzen Sequenzabschnitten, an zufälligen Positionen in lange Zufallssequenzen eingebaut. So sind in Version 1 von IRMBASE drei Referenzsets entstanden, die lokal (aber nicht global!) miteinander verwandte Sequenzen bein-halten und die sich allein in der Anzahl der in ihr enthaltenen Motive unterscheiden [110]. IRMBASE v2 enthält ein zusätzliches Referenzset 4, das vier Motive enthält. Außerdem werden in dieser neueren Version zufällig einige der Motivauftritte nachträglich wieder entfernt, um einem realistischeren Modell von Sequenzevo-lution zu folgen [109]. Analog zu IRMBASE, welches ausschließlich künstliche Proteinsequenzen enthält, wurde DIRMBASE als künstlicher Benchmark-Datensatz für DNA-MSAs erzeugt [109].

Für einen weiteren, im Jahre 2006 veröffentlichten Datensatz, wurde ROSE genutzt, um künstliche Aminosäuresequenzen mit längeren N- oder C-terminalen Erweiterungen zu generieren [94]. Die dazu genutzten *mutation guide trees* basieren auf phylogenetischen Bäumen, die aus den MSAs im Referenzset RV11 von BAli-BASE (s. Abschn. 4.2.1, im Paragraphen „*Referenzset 1: Evolutionäre Distanzen*") berechnet worden sind. Für jeden dieser Bäume wurden dann zufällige Sequenzen als Ursprungssequenz erzeugt und auf diesen je eine zufällige Region als konserviert bestimmt. In diesen Regionen besteht eine reduzierte Mutationsfrequenz, Inser-tionen und Deletionen sind ausgeschlossen. Dieser MSA-Benchmark-Datensatz trägt in der Originalpublikation keinen Namen und wird im Folgenden als „Rose" bezeichnet, da er unter diesem Namen im Internet zu finden ist.

4.2.5 HOMSTRAD

HOMSTRAD (*HOMologous STRucture Alignment Database*) ist eine Datenbank, die Struktur-, Sequenz- und Verwandtschaftsinformationen für einige Proteine

sammelt und auf viele andere Datenbanken verweist [69, 106]. Sie enthält zur Zeit
etwa 1300 Proteinfamilien und zu diesen eine große Menge an Annotation.

Die Kuration von Proteinen in HOMSTRAD geschieht in einem halbautomati-
schen Verfahren. Proteinstrukturen, die in die *Protein Database* (PDB) hochgeladen
werden, werden im wöchentlichen Turnus automatisch von HOMSTRAD übernommen und zunächst in sogenannten *single member families* untergebracht. Sie werden
dann mit Hilfe des Programmes COMPARER mit homologen Proteinen strukturell
aligniert und mit MNYFIT strukturell übereinandergelegt. Mit dem Programm JOY
wird dieses Alignment dann annotiert und nach einer Suche mit FUGUE durch
homologe Sequenzen verstärkt [68, 99]. Schließlich werden all die gesammelten
Proteinsequenzen einer Familie mit CLUSTALW aligniert.

HOMSTRAD weißt hohe Standards auf. So werden z. B. NMR-basierte Strukturen denen aus Röntgenanalysen bevorzugt. Außerdem laufen die Einteilung der
Proteinsequenzen in Familien und die darauf folgenden Bearbeitungsschritte mit
einem hohen Maß von manueller Feinjustierung ab, was zu einer hohen Qualität
der Daten in HOMSTRAD führt. Eine weitere Besonderheit von HOMSTRAD ist,
dass die darin enthaltenen Sequenzfamilien zum Teil sehr niedrige Sequenzidentitätswerte besitzen. Durch die manuelle Einteilung ist jedoch davon auszugehen,
dass die Proteine dennoch evolutionär miteinander verwandt sind.

4.3 Scores

Neben den Datensätzen ist ein sehr wichtiger Teil des Benchmarkings die Bewertung der Resultate. Im Fall der Handschrifterkennung und dem MNIST-Datensatz
(s. Abschn. 4.1 und Abb. 4.1) ist diese Bewertung recht einfach: Wurde die Zahl
korrekt erkannt, so kann man eine positive Bewertung geben, jedoch aber keine
Wertung oder sogar eine negative, wenn die falsche Zahl erkannt wurde. Bei MSAs
ist die Lage jedoch komplizierter, da ja auch die Alignments komplizierter sind.
Würde man hier einen analogen Ansatz zu dem besprochenen Beispiel verwenden,
also nur jene Alignments positiv bewerten, die im Ganzen der *ground truth* des
Benchmark-Datensatzes entsprechen, dann würden fast keine der MSA-Programme
positive Bewertungen erhalten. Somit werden Bewertungsschemata benötigt, die
auch teilweise Übereinstimmungen mit der *ground truth* in die Bewertung mit
aufnehmen und diese ordentlich gewichten.

Dieses Problem ist jedoch nicht trivial: Welchen Abschnitt eines MSAs vergleicht man mit welchem Abschnitt eines anderen MSAs, wenn diese beiden nicht
identisch sind? Wir finden uns gewissermaßen an dem Punkt wieder, an dem wir
begonnen haben, nämlich der Frage, wie herauszufinden ist, welcher Abschnitt einer
Zeichenfolge mit welchem Abschnitt einer anderen Zeichenfolge korrespondiert.
Um hier nicht in einen infiniten Regress zu fallen (und aus weiteren, technischen
Gründen), können wir hier jedoch nicht die Algorithmen nutzen, die zur Erzeugung
von MSAs genutzt werden (und die in Abschn. 3.2 beschrieben sind). Im Folgenden
werden wir uns die gebräuchlichen MSA-Bewertungsmethoden genauer anschauen,
die dann auch in Abschn. 5.3, unserer Entscheidungshilfe, genutzt werden. Diese

verschiedenen Scores gibt es unter anderem deswegen, weil sie nicht genau dasselbe messen und deswegen unterschiedliche Informationen geben.

4.3.1 Sum-of-pairs

Der *sum-of-pairs-score* (SPS) (auch bekannt als Developer oder *Q-score*) gehört zu den ältesten MSA-Scores und wurde 1999 zum ersten Mal beschrieben [113]. Die Grundidee bei der Berechnung dieses Scores ist, dass überprüft wird, ob Zeichenpaare, die in dem zu bewertenden MSA aligniert sind, auch im Referenzalignment aligniert sind. Der SPS-Score gibt an, wie viele dieser Zeichenpaare auch im Referenzalignment aligniert sind.

Bei einem MSA, das aus N Sequenzen besteht und das M Spalten hat, können wir die Zeichen in der $i$ten Spalte des Alignments mit $A_{i1}, A_{i2}, \ldots, A_{iN}$ beschriften. Für jedes Zeichenpaar A_{ij}, A_{ik} definieren wir p_{ijk} so, dass $p_{ijk} = 1$, falls A_{ij} und A_{ik} auch im Referenzalignment aligniert sind und $p_{ijk} = 0$ falls das nicht der Fall ist. Für die Spalte S_i kann somit folgender Score berechnet werden:

$$S_i = \sum_{j=1}^{N} \sum_{k=j+1}^{N} p_{ijk} \tag{4.1}$$

Der finale SPS berechnet sich dann wie folgt:

$$SPS = \frac{\sum_{i=1}^{M} S_i}{\sum_{i=1}^{Mr} S_r i}, \tag{4.2}$$

wobei Mr die Anzahl der Spalten des Referenzalignments und $S_r i$ der Score der $i$ten Spalte des Referenzalignments darstellen.

4.3.2 Der *Column score*

Der *column score* (CS) wurde in derselben Publikation wie der SPS vorgestellt [113] und wird seitdem in etwa genauso häufig für das Benchmarken von MSA-Programmen eingesetzt. Der CS beschreibt die Anzahl der Spalten eines MSAs, die mit denen des Referenzalignments übereinstimmen. Dieser berechnet sich folgendermaßen:

$$CS = \frac{\sum_{i=1}^{M} C_i}{M}, \tag{4.3}$$

wobei M die Anzahl der Spalten des Alignments beschreibt und C_i den Wert 1 annimmt, wenn die $i$te Spalte des Alignments der des Referenzalignments entspricht, und den Wert 0, falls das nicht der Fall ist.

4.3.3   Modeler

Der Modeler-Score (MS) vergleicht MSAs anhand von alignierten Zeichenpaaren und ist somit dem SPS recht ähnlich [98]. Wo der SPS jedoch die Anzahl der korrekt alignierten Zeichenpaare durch die Anzahl der alignierten Zeichenpaare des Referenzalignments teilt, wird hier durch die Anzahl der alignierten Zeichenpaare im MSA (und nicht dem Referenzalignment) geteilt. Die das beschreibende Formel sieht folgendermaßen aus:

$$Modeler = \frac{\sum_{i=1}^{M} S_i}{\sum_{i=1}^{M} T_i}, \tag{4.4}$$

wobei M die Anzahl der Spalten des Alignments darstellt, sich S_i nach der Formel 4.1 und T_i wie folgt berechnet:

$$T_i = \sum_{j=1}^{N} \sum_{k=j+1}^{N} 1, \tag{4.5}$$

wo N die Anzahl der Sequenzen in dieser Spalte des Alignments darstellt.

4.3.4   Cline's-Shift-Score

Im Gegensatz zu den bisher besprochenen Scores beschreibt der *Shift-Score* (auch unter dem Namen *Cline's-Score* bekannt) nicht die Menge der korrekt alignierten Zeichen oder Spalten im MSA, sondern wie unterschiedlich ein Alignment von dem dazugehörigen Referenzalignment ist [16]. Dieser Score bewertet außerdem sowohl *overalignment* als auch *underalignment* negativ: Werden Zeichen miteinander aligniert, die im Referenzalignment nicht aligniert sind, spricht man von *overalignment*, werden jedoch Zeichen nicht miteinander aligniert, die im Referenzalignment aligniert sind, so liegt *underalignment* vor.

Formell genauer: Wenn in einem Alignment X ein Zeichen a_i mit einem anderen Zeichen b_j aligniert ist, jedoch in einem Alignment Y mit dem Zeichen b_k, so beschreibt $shift(a_i)$ die Anzahl der Zeichen zwischen b_j und b_k. Für ein komplettes Alignment X mit einem Referenzalignment Y ergibt sich wie folgt der Shift-Score:

$$S_Y(X) = \frac{\sum_{i=1}^{|X|} cs_Y(X_i)}{|X| + |Y|}, \tag{4.6}$$

wobei $|X|$ und $|Y|$ die Anzahl der alignierten Zeichen in X bzw. Y darstellt, $cs_Y(X_i)$ den Score für die $i$te Spalte in X, welcher die Summe aller Scores $s_y(r_i)$ darstellt. Die Werte für $s_y(r_i)$ werden für alle in dieser Spalte alignierten Zeichenpaare a_j und b_k berechnet, und zwar mit Hilfe folgender Formel:

$$s_Y(r_i) = \frac{1+\epsilon}{1+|shift(r_i)|} - \epsilon, \tag{4.7}$$

wo ϵ einen offenen Parameter (meist etwa 0.2) beschreibt. Dadurch nimmt $s_Y(r_i)$ Werte zwischen $-\epsilon$ und 1 und $S_Y(X)$ Werte zwischen 1 (bei einer perfekten Übereinstimmung des Alignments X mit dem Referenzalignment Y) und $-\epsilon$. Die Negativbewertung von *overalignment* und *underalignment* wird gewährleistet, da in beiden Fällen $cs_Y(X_i)$ nicht 0 sein wird und (bei *overalignment*) $|X|$ bzw. (bei *underalignment*) $|Y|$ große Werte annehmen werden.

4.3.5 Transitive-Consistency-Score

Der Transitive-Consistency-Score (TCS) ist ein Nebenprodukt der Entwicklung von T-Coffee (s. Abschn. 3.2, im Paragraphen „*T-Coffee*") und entstammt somit dem Bereich der Meta-Methoden zur Generierung von MSAs (s. Abschn. 2.3.6) [14]. Das eigentliche Ziel des TCS ist es, die einzelnen Spalten eines MSAs ihrer Verlässlichkeit nach zu bewerten, jedoch kann dieser Score auch für komplette MSAs genutzt werden. Dazu nutzt diese Methode Libraries von auf der Basis der Inputsequenzen generierten PSAs, aus denen sie Informationen darüber entnimmt, wie konsistent das Alignment zweier Zeichen in einem gegebenen MSA ist. Durch diesen vorgeschalteten Arbeitsschritt ist diese Methode einerseits recht genau, andererseits aber auch sehr rechenintensiv.

Aus diesem Grund wurde diese Methode auch nicht zur Bewertung der MSA-Programme in diesem Buch zu Hilfe genommen; vorgestellt werden soll sie hier jedoch trotzdem, da sie zu einer neuen Gruppe von Scoring-Methoden gehört, die MSAs detaillierter bewerten können als die anderen, hier beschriebenen Methoden.

Formal beschrieben funktioniert der TCS folgendermaßen: Für ein MSA A, das mit einem beliebigen MSA-Programm aus den Sequenzen S erzeugt wurde, wird mit Hilfe verschiedener Methoden eine Library von gewichteten PSAs gebildet (analog zum Programm T-Coffee, s. Abschn. 3.2, im Paragraphen „*T-Coffee*"). In dieser Library werden für die Zeichen R_i^x (dem $i$ten Zeichen der Sequenz x) und R_j^y (dem $j$ten Zeichen der Sequenz y) alle die Zeichen R_k^z gesucht, die R_i^x und R_j^y durch die paarweisen Alignments $R_i^x R_k^z$ und $R_k^z R_j^y$ verbinden (dieser Schritt ist analog zu der konsistenzbasierten Methode der MSA-Erzeugung, s. Abschn. 2.3.4). Der TCS für ein solches Zeichenpaar wird folgendermaßen berechnet:

$$PairTCS(R_k^z, R_j^y) = 2\frac{\sum_z^S Min(R_i^x R_k^z, R_k^z R_j^y)}{\sum_z^S Min(R_i^x R_k^z, R_k^z R_*^y) + \sum_z^S Min(R_*^x R_k^z, R_k^z R_j^y)}, \tag{4.8}$$

wo $Min(a, b)$ die minimale Gewichtung der beiden PSAs auswählt und $*$ einen beliebigen Wert annehmen kann. Diese Formel nimmt den Wert 0 an, wenn R_k^z nicht in der Library existiert und 1, wenn eine hohe Konsistenz in dem Alignment der beiden Zeichen R_i^x und R_j^y besteht.

Der zur Bewertung einzelner MSA-Spalten genutzte Wert $ColumnTCS$ berechnet sich wie folgt:

$$ColumnTCS(R_k^z, R_j^y) = \frac{\sum_x^{|C_i|} \sum_{y \neq x}^{|C_i|} PairTCS(C_i^x, C_i^y)}{|C_i| \cdot (|C_i| - 1)}, \qquad (4.9)$$

wo C_i die $i$te Spalte des Alignments A beschreibt, $|C_i|$ die Größe dieser Spalte und C_i^x das Zeichen der Sequenz x, das sich in dieser $i$ten Spalte befindet.

Mit Hilfe der folgenden Formel kann der TCS für komplette MSAs berechnet werden:

$$AlignmentTCS(A) = \frac{\sum_x^{|S|} \sum_i^{L_x} ResidueTCS(C_i^x)}{\sum_x^{|S|} L_x}, \qquad (4.10)$$

wo L_x die Länge der Sequenz x darstellt und $ResidueTCS$ mit der folgenden Formel berechnet werden kann:

$$ResidueTCS(A) = \frac{\sum_{y \neq x}^{|C_i|} PairTCS(C_i^x, C_i^y)}{|C_i| - 1}. \qquad (4.11)$$

Dieser Score ist somit unabhängig von der Methode zur Erzeugung der PSA-Library und benötigt im Gegensatz zu den anderen in diesem Kapitel beschriebenen Methoden kein Referenzalignment.

Entscheidungshilfe

5

5.1 Einleitung

In diesem Kapitel geht es nun wirklich ans Eingemachte: Eine groß angelegte MSA-Benchmark-Analyse, in der 13 verschiedene MSA-Programme mit insgesamt 42 verschiedenen Einstellungen (besser: MSA-Methodiken) auf insgesamt 2699 Gruppen von Sequenzen aus fünf Benchmark-Datensätzen getestet wurden, soll Hinweise geben, welches dieser Programme für welche Klasse von MSA-Problemen am besten geeignet ist.

Bevor wir uns in die Ergebnisse stürzen, soll jedoch ein weiteres Mal an die Einschränkungen dieser Analyse erinnert werden: Wie im Abschn. 2.3 erklärt, sind MSA-Programme notwendigerweise immer nur Annäherungen an das „wahre Alignment", welches selbst nur ein abgeleitetes Konstrukt ist und in der Natur als solches nicht existiert. Diese Programme arbeiten also in einem hoch-künstlichen Raum. Da die Grenzen zwischen den Problemklassen fließend sind, ist außerdem schwer zu sagen, zu welcher Problemklasse eine Menge vorliegender Sequenzen gehört und somit auch, zu welcher Problemklasse ein beliebiger Benchmark-Datensatz gehört.

Auf der Basis dieser Einschränkung scheint die übliche Herangehensweise, dasselbe Tool weiterhin zu nutzen, das bisher immer genutzt wurde, genauso nachvollziehbar wie die Herangehensweise, eine Hand voll Tools zu nutzen und dann auf der Basis des eigenen Bauchgefühls und Fachwissens das beste Alignment auszuwählen. Dennoch ist ein Leitfaden zur Wahl dieser Programme sicherlich hilfreich; als ein solcher sollen die hier vorgestellten Ergebnisse dienen.

Nach einer genaueren Beschreibung der hier genutzten Methodik im Abschn. 5.2 werden im Abschn. 5.3 die drei verschiedenen Sequenztypen RNA, DNA und Aminosäuren getrennt voneinander behandelt. Auf einen Überblick über die von den Programmen generell erreichten Genauigkeitswerte folgen dann genauere Vergleiche anhand der verschiedenen Subdatensätze, die in Tab. 4.1 beschrieben sind. Auf der Basis dieser und der auch dargestellten Laufzeiten der Programme

© Springer-Verlag GmbH Deutschland, ein Teil von Springer Nature 2019
T. Sperlea, *Multiple Sequenzalignments*,
https://doi.org/10.1007/978-3-662-58811-6_5

wird dann, wenn möglich, eine Empfehlung für verschiedene Anwendungsfälle ausgesprochen.

Zur Darstellung der Qualität und Geschwindigkeit der einzelnen Tools werden sogenannte Boxplots genutzt; diese haben gegenüber den ansonsten üblichen Barplots oder Balkendiagrammen einige Vorteile. So wird hier z. B. klarer sichtbar, dass es sich bei den dargestellten Daten um Verteilungen von Werten handelt. Ein Boxplot gibt wichtige Aspekte dieser Verteilungen, wie z. B. Mittelwert (rote, horizontale Linie), Quartile (oberes bzw. unteres Ende der Boxen) und Ausreißer (blaue Punkte), klar wieder.

5.2 Durchführung

Für das Benchmarking liefen die MSA-Programme, die hier untersucht wurden, auf MaRC2, dem High-Performance-Computing-Rechencluster der Philipps-Universität Marburg. Durch dessen Architektur sind zwar die hier angegebenen Laufzeiten der Programme nicht mehr uneingeschränkt mit denen der Webanwendungen vergleichbar, allerdings sind die Berechnungen, auf denen die Ergebnisse in Abschn. 5.3 basieren, ohne die massive Parallelisierung des Rechenclusters nicht in einem angemessenen zeitlichen Rahmen durchführbar gewesen.

Im Vorfeld der Berechnungen wurden Listen von Programmen (s. Tab. 5.1), Benchmark-Datensätzen (s. Tab. 4.1) und Scores (s. Abschn. 4.3) angefertigt. Hierbei wurde zwar darauf geachtet, eine möglichst hohe Diversität auf allen Ebenen zu erhalten, um ein aussagekräftiges Ergebnis aus dem Benchmark-Test zu erhalten, allerdings konnte bei Weitem keine Vollständigkeit hergestellt werden. Das liegt z. B. an der schieren Menge von MSA-Programmen und Benchmark-Datensätzen, aber z. B. auch an der Laufzeit mancher Scoring-Verfahren oder schlicht an der ungenügenden Dokumentation mancher Benchmark-Datensätze. Dieser Planungsschritt wurde zwischen Juli und Oktober 2017 durchgeführt, wodurch die Analyse auch diesen Stand der Technik repräsentiert; allerdings sind zwischen Beginn der Analyse und dem Druck dieses Buches keine größeren Fortschritte im Feld der MSAs veröffentlicht worden.

Die Auswahl der Programme wurde von zwei Kriterien bestimmt: Es wurden nur MSA-Programme untersucht, die MSAs alleinig auf der Basis der Sequenzen herstellen (und nicht z. B. Strukturinformationen als zusätzlichen Input benötigen) und die einen Webserver besitzen, also auch ohne Kenntnis von Kommandozeilenprogrammierung nutzbar sind. Diese zweite Einschränkung führt dazu, dass die neuesten Entwicklungen auf dem Gebiet der Sequenzalignments nicht notwendigerweise in diesem Vergleich vertreten sind; jedoch ist die Schwelle zur Nutzung eines Programmes ohne Weboberfläche sehr hoch und die Programme für die Zielgruppe dieses Buches deswegen nicht relevant.

Die verschiedenen MSA-Programme wurden mit Hilfe von automatisiert generierten Skripten mit den jeweils passenden Benchmark-Datensätzen „gefüttert". Die Ergebnisse der Berechnungen wurden dann auf einem lokalen Rechner, automatisiert und mit Hilfe des Tools QScore (erhältlich unter https://www.drive5.com/qscore/) bewertet. Alle Skripte, die zur Vorbereitung der Benchmark-Datensätze,

Tab. 5.1 Übersicht der getesteten Programme und ihre Anwendungsgebiete. Ein „NA" in der Website-Spalte steht bei Programmen, die aktuell kein Webinterface besitzen. Links sind aus Platzgründen nur ein Mal abgedruckt und gelten auch für die anderen gleichnamigen Programme

Programm	DNA	RNA	Protein	Website
Clustal Omega	x		x	https://www.ebi.ac.uk/Tools/msa/clustalo/
DIALIGN	x		x	NA
DIALIGN-T	x		x	NA
DIALIGN-TX	x		x	http://dialign-tx.gobics.de/submission?type=protein http://dialign-tx.gobics.de/submission?type=dna
FSA	x	x	x	NA
Kalign (wu & nj)	x		x	https://www.ebi.ac.uk/Tools/msa/kalign/
Kalign (wu & upgma)	x		x	
Kalign (pair & nj)	x		x	
Kalign (pair & upgma)	x		x	
MAFFT	x		x	https://www.ebi.ac.uk/Tools/msa/mafft/
MAFFT (einsi)	x		x	
MAFFT (fftnsi)	x		x	
MAFFT (fftns)	x		x	
MAFFT (nwns)	x		x	
MAFFT (ginsi)	x		x	
MAFFT (linsi)	x		x	
MAFFT (qinsi)	x		x	
MAFFT (xinsi)	x		x	
MAFFT (nwnsi)	x		x	
MSAProbs	x		x	NA
MUSCLE	x		x	https://www.ebi.ac.uk/Tools/msa/muscle/
MUSCLE (fast)	x		x	
PCMA	x		x	http://prodata.swmed.edu/pcma/pcma.php
PicXAA (pf)	x		x	http://gsp.tamu.edu/picxaa/
PicXAA (phmm)	x		x	
PicXAA (sphmm)			x	
PicXAA-R (sphmm)		x		
POA (iterative)	x		x	NA
POA (iterative & global)	x		x	
POA (progressive)	x		x	
POA (progressive & global)	x		x	
Probalign	x		x	NA
ProbCons	x	x	x	http://probcons.stanford.edu/
T-Coffee (default)	x	x	x	https://www.ebi.ac.uk/Tools/msa/tcoffee/
T-Coffee (accurate)			x	http://tcoffee.crg.cat/
T-Coffee (quickaln)			x	
T-Coffee (expresso)			x	
T-Coffee (mcoffee)			x	

(Fortsetzung)

Tab. 5.1 (Fortsetzung)

Programm	DNA	RNA	Protein	Website
T-Coffee (procoffee)	x		x	
T-Coffee (psicoffee)			x	
T-Coffee (rcoffee)		x		
T-Coffee (rmcoffee)		x		

zur Automatisierung der Analyse wie der Bewertung und schließlich auch zur Darstellung der Ergebnisse genutzt worden sind, wurden in der Programmiersprache Python geschrieben und sind unter https://www.springer.com/978-3-662-58810-9 einsehbar. In diesen Skripten sind viele Funktionen aus den Paketen Biopython, imaplib, email und pandas eingesetzt worden; die Abbildungen wurden mit Hilfe der Pakete Matplotlib und Seaborn erstellt.

5.3   Ergebnisse

Die Ergebnisse des MSA-Benchmark-Tests sind in den folgenden Unterkapiteln nach Problemgebiet von MSAs getrennt. Die Resultate sind in Wort und Bild dargestellt; der Übersichtlichkeit zuliebe und da die verschiedenen Scores im Endeffekt keine großen Unterschiede zeigen, sind allein die Ergebnisse des TC-Scores dargestellt. Die Abbildungen mit den anderen Scores sind jedoch unter https://wwww.springer.com/978-3-662-58810-9 einsehbar.

5.3.1   RNA

Bereits bei einem flüchtigen Blick auf die Liste der MSA-Programme in Tab. 5.1 fällt auf, dass nur wenige dieser Programme RNA im speziellen verarbeiten können. Das liegt daran, dass viele Forschende bei der MSA-Analyse von RNA-Sequenzen im Prinzip genauso verfahren wie sie es mit DNA-Sequenzen tun würden oder die RNA-Sequenzen sogar als DNA-Sequenzen (also mit Thymin- statt Uracil-Resten) in Dateien gespeichert vorliegen haben. So ein Ansatz ist aber nicht immer zielführend, da RNA-Moleküle – wie auch schon im Abschn. 2.3.8, Paragraph *„Nicht-codierende RNA"* besprochen – in einem hohen Ausmaß Sekundärstrukturen bilden können. Das bedeutet in der Praxis, dass Sie in vielen Fällen getrost DNA-MSA-Programme nutzen können, wenn Sie RNA-Sequenzen alignieren, außer Sie untersuchen diese RNAs wegen RNA-spezifischer Eigenschaften.

Mit einem Blick auf die in diesem Buch untersuchten Benchmark-Daten kann man zunächst feststellen, das, für alle RNA-Datensätze zusammengenommen, kein

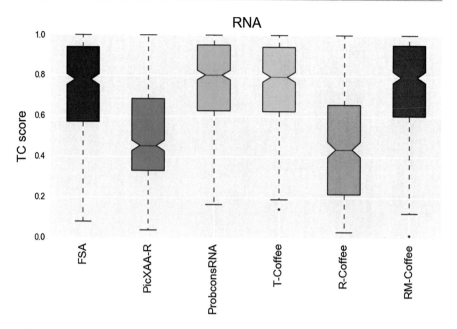

Abb. 5.1 Resultate des Benchmark-Tests von Programmen für die Generierung von MSAs aus RNA-Sequenzen

signifikanter Unterschied zwischen den Programmen festzustellen ist (s. Abb. 5.1). Das bedeutet, dass sich keines der Programme eindeutig als generell besser als die anderen Programme herausstellt. Jedoch sind an diesen Daten trotzdem Tendenzen abzulesen; so liefern PicXAA-R und R-Coffee im Schnitt schlechtere Alignments als die anderen hier untersuchten Programme. Ebenso sieht es aus, wenn man sich die Genauigkeit der verschiedenen MSA-Programme in Hinblkick auf die einzelnen Datensätzen anschaut (s. Abb. 5.2). Hier wird auch deutlich, dass die Sequenzen in den Subdatensätzen g2intron und U5 aus BRaliBASE schwerer zu alignieren sind als die anderen Datensätze; bei Ersteren liegt das wahrscheinlich darin begründet, dass die lokale Struktur der Sequenzen für die vorliegenden Programme schwer zu erfassen ist.

Der Vergleich der Laufzeiten der Programme zeigt erhöhte Werte für T-Coffee, R-Coffee und RM-Coffee (s. Abb. 5.3), auch wenn diese Laufzeiten weiterhin im Millisekundenbereich liegen. Dieser Befund ist nicht überraschend, immerhin sind die Berechnungsschritte, die hinter diesen Programmen stehen, recht zeitaufwendig. Zusammen mit den Genauigkeitswerten führt dies zur Empfehlung, für die Erzeugung von RNA-MSAs auf die Programme PicXAA-R und R-Coffee zu verzichten; aus den restlichen Programmen kann auf der Basis dieser Daten kein eindeutiges oder allgemeines Ranking abgeleitet werden.

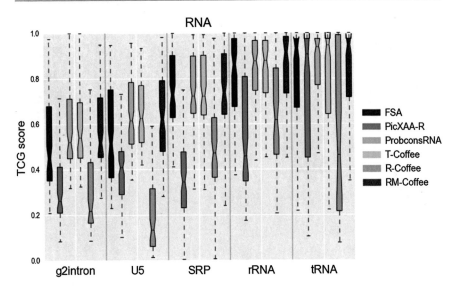

Abb. 5.2 Resultate des Benchmark-Tests von Programmen für die Generierung von MSAs aus RNA-Sequenzen, aufgeschlüsselt nach den genutzten Datensätzen

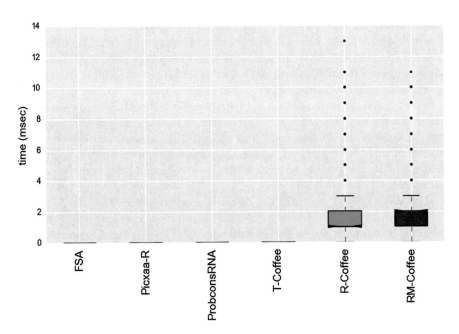

Abb. 5.3 Laufzeit der einzelnen Programme des Benchmark-Tests von Programmen für die Generierung von MSAs aus RNA-Sequenzen

5.3.2 DNA

Ähnlich wie für RNA-Sequenzen, zeigen die verschiedenen Programme zur Generierung von MSAs aus DNA-Sequenzen keine signifikanten Unterschiede in ihrer Genauigkeit (Abb. 5.4). Dieser Befund bleibt, im Allgemeinen, auch bei der Betrachtung der einzelnen Subdatensätze bestehen (Abb. 5.8).

Jedoch sind aus diesen Resultaten auch einige Tendenzen abzulesen. So scheint MAFFT in all seinen Konfigurationen außer *qinsi* und *xinsi* in ein paar Fällen eine perfekte Genauigkeit (hier festgestellt als ein TC-Score von etwa 1) zu erreichen, wie auch der Mittelwert und das obere Quartil dieser Programme durchgehend höher sind als die der anderen Programme. Bei den Subdatensätzen von DIRM-BASE zeigen außerdem Dialign-TX und FSA hohe Genauigkeitswerte, die mit der Zahl der in die Sequenzen eingesetzten Motive (und somit der Zahl in der Subdatensatzbezeichnung) steigen (s. Abb. 5.8b–5.8e). Das deutet darauf hin, dass sich diese Programme, wie auch T-Coffee im Procoffee-Modus und Probalign, für lokale DNA-MSAs eignen. Im Fall der Daten aus bali2dna hingegen zeigen Clustal Omega, die Programme der MAFFT-Familie und T-Coffee im Procoffee-Modus besonders hohe Genauigkeitswerte (Abb. 5.8a). Da Bali2DNA, im Gegensatz zu DIRMBASE, natürlich vorkommende Sequenzen enthält, sollten diese Ergebnisse im Allgemeinen in der Entscheidung für ein MSA-Programm höher gewertet werden (s. Abschn. 4.2 für genauere Beschreibungen der Datensätze).

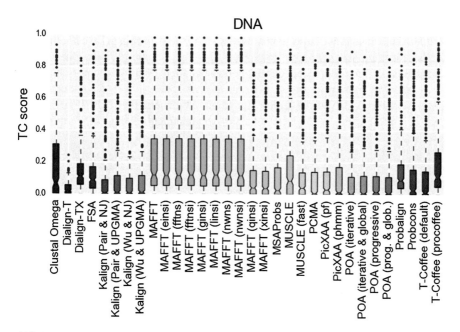

Abb. 5.4 Resultate des Benchmark-Tests von Programmen für die Generierung von MSAs aus DNA-Sequenzen

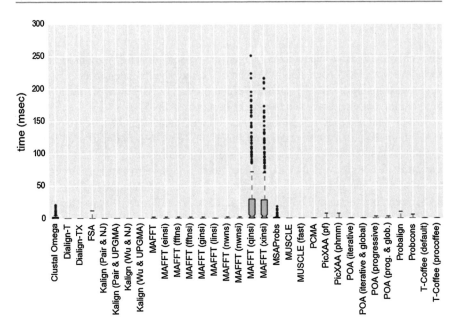

Abb. 5.5 Laufzeit der einzelnen Programme des Benchmark-Tests von Programmen für die Generierung von MSAs aus DNA-Sequenzen

Bei der Betrachtung der Laufzeiten der MSA-Programme für DNA-Sequenzen fällt MAFFT in den Modi qinsi und xinsi dadurch auf, in einzelnen Fällen sehr lange für die Berechnung des MSAs zu brauchen (Abb. 5.5). Mit dieser Ausnahme sind die Laufzeiten der Programme jedoch sehr gering und nicht signifikant unterschiedlich.

Zusammengenommen ergibt sich für das Alignieren von DNA-Sequenzen also aus dieser Analyse die Empfehlung, im Allgemeinfall MAFFT zu nutzen, und bei Sequenzen mit vielen lokalen Ähnlichkeiten Dialign-TX zu nutzen (Abb. 5.4 und 5.5).

5.3.3 Proteine

Für Proteinsequenzen steht uns die größte Anzahl von MSA-Programmen und -Benchmarkdatensätzen zur Verfügung. Aus zeitlichen und technischen Gründen muss sich die Analyse in diesem Buch auf die Datensätze BAliBASE, Sabre und Rose (s. Abschn. 4.2 für eine genauere Beschreibung der Datensätze) begrenzen.

Ein Blick auf die Performance der hier untersuchten MSA-Programme auf alle in diesen Benchmarks enthaltenen Testdatensätze zeigt dasselbe Phänomen wie auch bei DNA- oder RNA-Sequenzen (s. Abb. 5.6): Es stellt sich kein Programm heraus, das allgemeine Sequenzen signifikant besser alignieren kann als die anderen. Außerdem sehen wir bei Proteinsequenzen, dass die Verteilung der Genauigkei-ten der Programme den gesamten Wertebereich abdeckt. Ausnahmen zu dieser

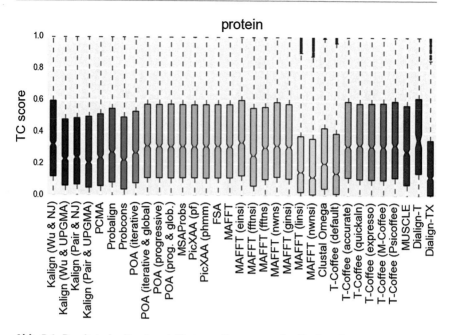

Abb. 5.6 Resultate des Benchmark-Tests von Programmen für die Generierung von MSAs aus Protein-Sequenzen

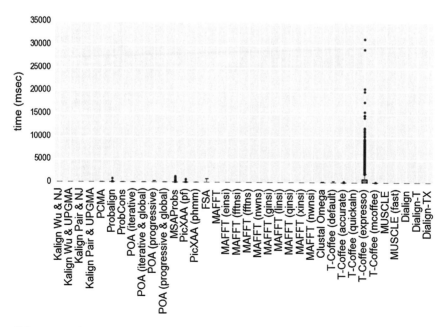

Abb. 5.7 Laufzeit der einzelnen Programme des Benchmark-Tests von Programmen für die Generierung von MSAs aus Protein-Sequenzen. Für eine genauere Beschreibung der Subdatensätze (s. Abschn. 4.2)

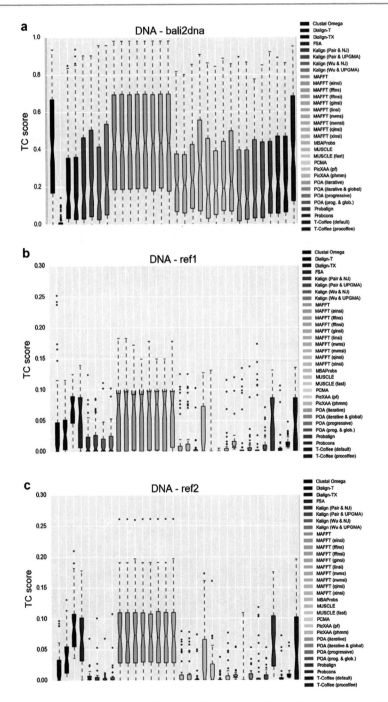

Abb. 5.8 Resultate des Benchmark-Tests von Programmen für die Generierung von MSAs aus DNA-Sequenzen, aufgeschlüsselt nach den genutzten Datensätzen. **a** Bali2DNA: Sequenzen abgeleitet aus BaliBASE. **b** DIRMBASE Ref1: ein Motiv. **c** DIRMBASE Ref2: zwei Motive. **d** DIRMBASE Ref3: drei Motive. **e** DIRMBASE Ref4: vier Motive

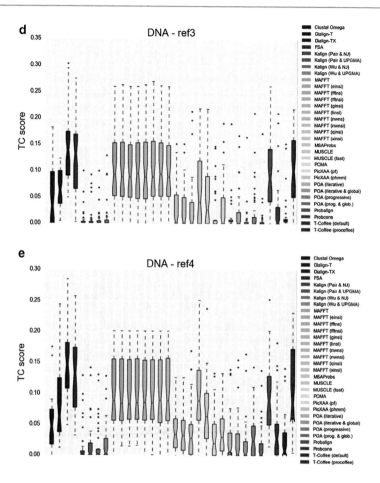

Abb. 5.8 (Fortsetzung)

Beobachtung bilden nur MAFFT in den Modi linsi und nwnsi, Clustal Omega, T-Coffee im default-Modus und Dialign-TX, die jedoch schlechter abschneiden als die anderen Programme.

Selbst ein Blick auf die Ergebnisse der Programme nach Trennung der Subdatensätze erlaubt keine viel genaueren Aussagen (Abb. 5.8). So scheint die Genauigkeit der Programme bei bestimmten Subdatensätzen generell sehr niedrig zu sein; bei z. B. RV12, R6 und R9 von BAliBASE (Abb. 5.9b, 5.9g, 5.9j) sind die Genauigkeiten aller Programme so gering, dass es schwer wird, Tendenzen aus den Daten abzulesen.

Bei anderen Datensätzen zeigen die Programme Dialign-T, T-Coffee im Modus quickalign, Kalign mit dem Wu-Manber-Algorithmus und *neighbor-joining* und MAFFT im Modus einsi minimal bessere Genauigkeitswerte als die anderen Programme (Abb. 5.9a, 5.9d, 5.9f, 5.9h). Im Allgemeinen sind diese Unterschiede jedoch nicht wirklich aussagekräftig. Als konsistent schlechter als die anderen Programme zeigen sich in dieser Analyse jedoch MAFFT in den Modi linsi und nwnsi, Clustal Omega und T-Coffee im default-Modus. Bei manchen Datensätzen stechen zusätzlich Programme heraus, die sich für diese speziellen Fälle gut eignen: Hier ist zum einen Dialign-T beim Alignieren von Sequenzen mit Extensionen (Abb. 5.9f) oder bei Sequenzen mit Wiederholungen (Abb. 5.9h) zu nennen, aber bei Letzterem auch Kalign mit dem Wu-Manber-Algorithmus und *neighbor-joining*.

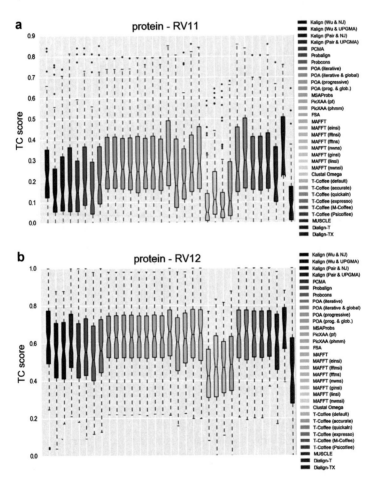

Abb. 5.9 Resultate des Benchmark-Tests von Programmen für die Generierung von MSAs aus Protein-Sequenzen, aufgeschlüsselt nach den genutzten Datensätzen. **a** BAliBASE RV11: Identität < 20 %. **b** BAliBASE RV12: Identität < 40 %. **c** BAliBASE R2: Orphans. d BAliBASE R3: Proteinsubfamilien. **e** BAliBASE R4: Sequenzen mit Insertionen. **f** BAliBASE R5: Sequenzen mit Extensionen. **g** BAliBASE R6: Transmembranproteine. **h** BAliBASE R7: Sequenzen mit Wiederholungen. **i** BAliBASE R8: Sequenzen mit Inversionen. **j** BAliBASE R9: Motive in längeren Sequenzen. **k** BAliBASE R10: diverse Sequenzen. **l** Sabre: niedrige Identitäten. **m** Rose: künstliche Sequenzen

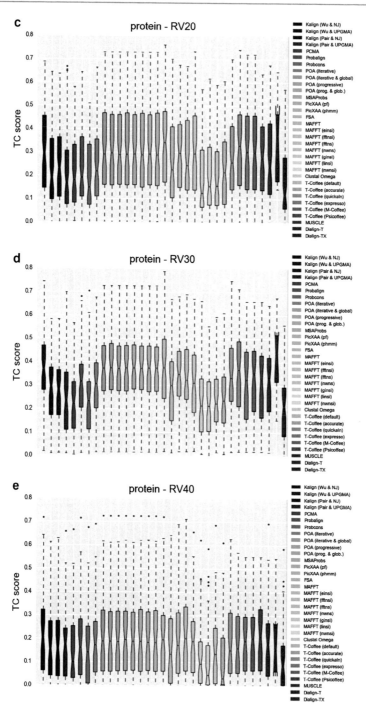

Abb. 5.9 (Fortsetzung)

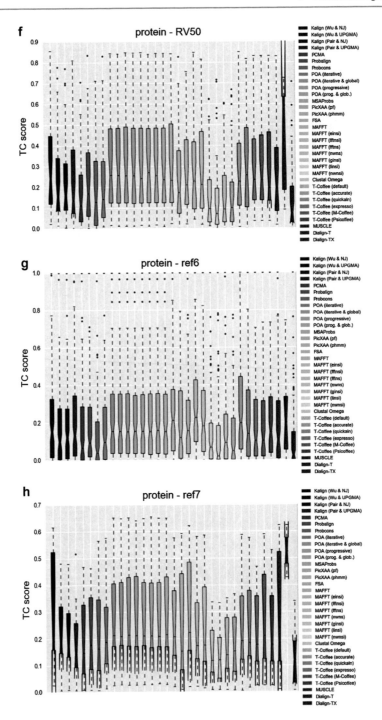

Abb. 5.9 (Fortsetzung)

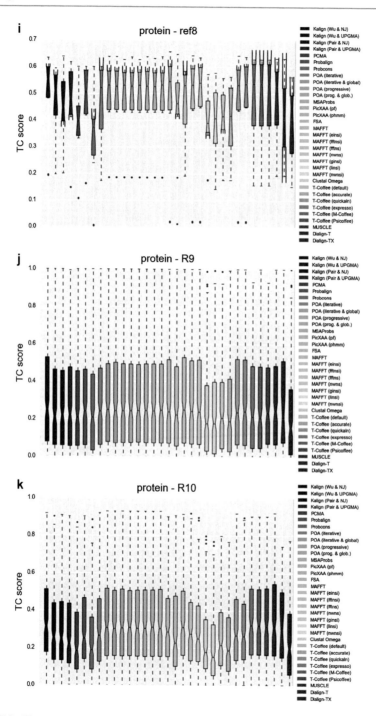

Abb. 5.9 (Fortsetzung)

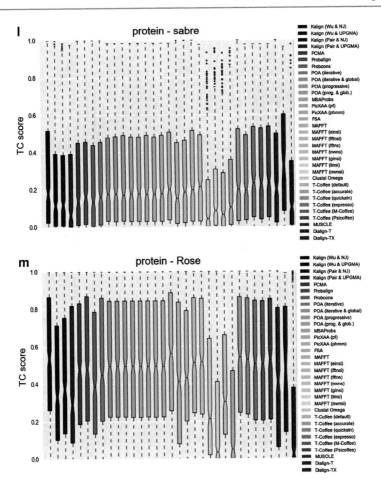

Abb. 5.9 (Fortsetzung)

Im Hinblick auf die Laufzeiten der Programme fällt T-Coffee im Modus Expresso besonders negativ auf, da dieses Programm für manche der Datensätze extrem hohe Werte aufweist (Abb. 5.7). Außerdem finden sich bei Probalign, MSAProbs, FSA, Clustal Omega und den Programmen der T-Coffee-Familie weitere, wenn auch kleinere Ausreißer hin zu einer etwas erhöhten Laufzeit.

Zusammengefasst kann für allgemeine Proteinsequenzen gesagt werden, dass es hinsichtlich der Genauigkeit von MSA-Programmen keine nennenswerten Unterschiede gibt und deswegen die Wahl des Programms keinen großen Einfluss auf die Qualität der entstehenden MSAs hat. Für gewisse Spezialfälle, wie die im Abschn. 2.3.8 beschriebenen, finden sich zwar größere Genauigkeitsunterschiede in dieser Analyse, allerdings sind diese so schwach ausgeprägt, dass sehr zweifelhaft ist, ob auf der Basis der hier gezeigten Daten eine Empfehlung ausgesprochen werden kann.

Glossar

Algorithmus Eine Aneinanderreihung von Programmanweisungen zur Erreichung eines bestimmten Zieles. Im Gegensatz zu wirklichen Programmcodes sind Algorithmen üblicherweise generell gehalten und nicht in einer bestimmten Programmiersprache gefasst. Algorithmen können jedoch in Computerprogramme implementiert werden. Mehr hierzu in Abschn. 3.1.

Alignment-freie Methoden Methoden, die z. B. zur Bestimmung der Ähnlichkeit mehrerer biologischer Sequenzen Alternativen zu Sequenzalignments nutzen. Dies ist insbesondere wegen der Rechendauer von Alignmentmethoden in vielen Fällen notwendig. Mehr hierzu in Abschn. 2.4.3.

Aminosäure Einzelner Grundbaustein von Proteinen. Die 20 kanonischen und zwei nicht-kanonischen, in natürlichen Proteinen vorkommende Aminosäuren können sowohl mit einem Drei- als auch mit einem Ein-Buchstaben-Code dargestellt werden und anhand ihrer physikalischen und chemischen Eigenschaften auf verschiedene Arten in Gruppen unterteilt werden.

BLAST *Basic Local Alignment Tool*, steht für eine Suite von Programmen, die zu den meistgenutzten Tools der Bioinformatik gehören. Im Grunde für eine sehr schnelle (da heuristische) Erzeugung von lokalen PSAs gebaut, werden die Programme der BLAST-Suite nun häufigst zum Durchsuchen von Datenbanken eingesetzt. Mehr hierzu in Abschn. 2.4.2.

Deletion Die Entfernung einer oder mehrerer Nukleotide oder Aminosäuren aus einer DNA- oder Proteinsequenz im Laufe eines evolutionären Prozesses. Deletionen entstehen in DNA z. B. bei Crossover-Events bei der Meiose und Mitose oder durch mobile genetische Elemente wie z. B. Transposons. Deletionen in DNA-Sequenzen führen häufig zu *missense*-Mutationen und somit fehlerhaften Proteinen; in Proteinen können sie sowohl bisherige Funktionen einschränken als auch neue Funktionen ermöglichen.

DNA (*Desoxyribose Nucleic Acid*) Träger der Erbinformation in allen bekannten Lebewesen. Liegt in linearen oder zirkulären, polymeren Molekülen vor, die als Chromosomen bezeichnet werden. Nimmt üblicherweise eine charakteristische Doppelhelixform an, bei der sich zwei Desoxyribose-Rückgrate um die an diese angebundenen Nukleobasenpaare winden. Da DNA nicht verzweigt vorliegt und die Basensequenz des einen Stranges der Doppelhelix stets komplementär zu der des anderen Stranges ist, kann die Basensequenz durch eine Aneinanderreihung von Buchstaben dargestellt werden, indem die vier Nukleobasen Adenin, Cytosin, Guanin und Thymin durch die Buchstaben A, C, G und T dargestellt werden.

Dynamic Programming (dt. dynamisches Programmieren) Algorithmische Strategie, um eine gewisse Klasse von informatischen Problemen zu lösen, indem diese in mehrere, kleinere Probleme aufgeteilt werden und die Resultate dieser Teilprobleme systematisch gespeichert werden. Wird ein Teilproblem berechnet, zu dem bereits eine Lösung vorliegt, so kann diese Lösung übernommen werden, wodurch Rechenzeit eingespart werden kann. Wie *dynamic programming* im Kontext von Sequenzalignments eingesetzt wird, ist in Abschn. 2.2.2 beschrieben.

Fast Fourier transform (FFT, dt. schnelle Fourier-Transformation) Effizienter Algorithmus zur Berechnung der diskreten Fourier-Transformation, bei der ein Signal in einzelne Wellenanteile aufgespalten wird. Weniger formal beschrieben findet die FFT Werte für Frequenzen und Amplituden von Kosinus-Funktionen, die zusammen den Verlauf des Signals approximieren.

Gap Lücke in einer Sequenz in einem Alignment, meist dargestellt durch ein Platzhalterzeichen wie „–“. *Gaps* in Sequenzalignments deuten auf Insertionen oder Deletionen hin, die seit der evolutionären Divergenz in den alignierten Sequenzen aufgetaucht sind, oder auf Fehler im Alignment.

Gap penalty Eine Zahl, die den Qualitätswert eines Sequenzalignments senkt, wenn eine *gap* eingebaut wird. Dient dazu, die Menge der eingebauten *gaps* niedrig zu halten und wird in moderneren MSA-Pogrammen in komplexeren Verfahren so gewählt, dass die entstehende *gap*-Verteilung verschiedene Aspekte der *gap*-Verteilung in biologischen Sequenzen modellieren. Mehr hierzu in Abschn. 2.2.2 und 2.2.3.

Gen Kleinste Sinneinheit der Erbinformation; Abschnitt auf einem Chromosom, das für eine mRNA bzw. ein Protein kodiert. Meist bezeichnet der Begriff nur die kodierenden Bereiche, sodass angeschlossene, regulative Bereiche (wie z. B. Introns und Promotoren) nicht zum Gen gezählt werden, jedoch wird diese Definition nicht konsistent genutzt.

Globales Alignment Eine Spielart von Alignments, die Gewicht darauf legt, dass Sequenzen auf ihrer ganzen Länge miteinander aligniert sind, wodurch aber womöglich kürzere Abschnitte falsch aligniert werden. Wohingegen bei PSAs klare methodische Unterschiede zwischen lokalen und globalen Alignments bestehen, sind diese bei MSAs eher Charakterzüge als feste Klassen. Mehr zu globalen, paarweisen Alignments in den Abschn. 2.2.2 bis 2.2.4.

Guide tree Für die Erzeugung von MSAs mit der dynamischen Methode wichtige Datenstruktur, die die Ähnlichkeit der zu alignierenden Sequenzen widerspiegelt. Wird genutzt, um zu bestimmen, in welcher Reihenfolge die Sequenzen zum MSA hinzugefügt werden.

Hidden Markov models (HMMs) Eine Klasse von statistischen Modellen, die eingesetzt werden, um ein System mit mehreren Zuständen darzustellen. Oft dargestellt als Graph mit sicht- bzw. observierbaren Ausgaben (engl. *outcomes*), mehreren verdeckten (d. h. nicht direkt observierbaren) Zuständen und gewissen Zustandsübergangs- und Ausgabewahrscheinlichkeiten. Mehr hierzu in Abschn. 2.3.5.

Insertion Mutationsereignis, das dazu führt, dass in eine bestehende biologische Sequenz zusätzliche Nukleotide bzw. Aminosäuren eingefügt werden. Im Gegensatz zu Substitutionsmutationen geschehen diese meist nicht durch physikalische oder chemische Einwirkung, sondern als Nebenprodukt von Rekombination, Crossing-over und Transposition und führen, in DNA, oft zu einer Leserasterverschiebung.

***k*-mer-Distanz** Methode zur Bestimmung der Unterschiedlichkeit zweier DNA-oder (seltener) Proteinsequenzen. Hierzu werden die Anzahlen aller in den Sequenzen enthaltenen k-mere, also Subsequenzen der Länge k, ermittelt und diese dann miteinander verglichen. Die k-mer-Distanz zweier Sequenzen bezeichnet schlussendlich die Summe der absoluten Differenzen zwischen den Anzahlen aller k-mere in den beiden Sequenzen.

Kladogramm Eine Form des Baumdiagramms, das in der Kladistik eingesetzt werden, um die evolutionären Verwandtschaftsverhältnisse von Organismen und biologischen Sequenzen darzustellen. Im strengen Sinn weisen Kladogramme keine Zeitachse und keine Gewichtungen der Äste auf, dafür aber ausschließlich dichotome Verzweigungen (d. h. Verzweigungen in genau zwei Tochteräste). Baumdiagramme, die diese Kriterien nicht erfüllen, werden als evolutionäre Stammbäume bezeichnet.

Konsensus-Sequenz Darstellungsform einer Sammlung von ähnlichen Sequenzen als eine einzelne Sequenz, in der die häufigsten an den verschiedenen Stellen vorkommenden Zeichen vertreten sind. Werden genutzt, um z. B. konservierte und somit wahrscheinlich wichtige Bereiche von Transkriptionsfaktorbindestellen sichtbar zu machen. Im einfachsten Fall wird eine Konsensus-Sequenz erzeugt, indem an jeder Stelle der zu vergleichenden DNA- oder Proteinsequenzen das häufigste Zeichen ermittelt wird. Für DNA-Sequenzen ist es außerdem aufgrund des konventionellen IUPAC-Codes möglich, Stellen mit hoher Ambiguität mit Hilfszeichen darzustellen. So kann z. B. eine Stelle, an der sowohl Adenin-und Guanin-Basen in hoher Häufigkeit vorkommen, mit R und Stellen, an denen alle Basen gleichermaßen vorkommen, mit N bezeichnet werden. Eine weitere Darstellungsmöglichkeit von Konsensus-Sequenzen sind sogenannte Weblogos, eine von Sequenzprofilen abgeleitete grafische Methode, bei der die Häufigkeit der verschiedenen Nukleotide oder Aminosäuren durch die Größe des korrespondierenden Zeichens dargestellt wird.

Lokales Alignment Eine Spielart von Alignments, die Gewicht darauf legt, dass kleinere Abschnitte der Sequenzen korrekt miteinander aligniert sind, wodurch aber womöglich die Sequenzen auf ganzer Länge falsch aligniert werden. Wohingegen bei PSAs klare methodische Unterschiede zwischen lokalen und globalen Alignments bestehen, sind diese bei MSAs eher Charakterzüge als feste Klassen. Mehr zu lokalen, paarweisen Alignments in dem Abschn. 2.2.4.

Motive Kurze, bis zu 20 Basenpaaren oder 10 Aminosäuren lange, zusammenhängende und funktionell wichtige Abschnitte in DNA-, RNA- oder Proteinsequenzen. Diese stellen häufig DNA-Bindemotive oder Interaktionsdomänen dar.

Needleman-Wunsch-Algorithmus Algorithmus zur Erzeugung von globalen PSAs. Dient als Grundlage für viele Entwicklungen auf dem Feld der PSAs und MSAs und hat viele Modifikationen und Erweiterungen erfahren. Mehr hierzu in den Abschn. 2.2.2 bis 2.2.4.

Nukleotid Einzelner Baustein der DNA und RNA, setzt sich aus einem Nukleobasen-, Phosphat- und Zuckeranteil zusammen. Die Basen (Adenin, Cytosin, Guanin und Thymin bei DNA; Adenin, Cytosin, Guanin und Uracil bei RNA) dienen als Träger der genetischen Information, wohingegen die (Desoxy-)Ribose und Phosphatanteile als sogenanntes *backbone* dieser Information Stabilität und (insbesondere bei RNA wichtig) Form geben.

Phylogenie Stammesgeschichtliche Entwicklung aller Lebewesen. Phylogenetische Stammbäume dienen zur Darstellung des Verlaufs der Evolution und können, für einzelne Sequenzen, aus MSAs ausgelesen werden.

Programm Folge von recht genauen und kleinteiligen Anweisungen, die ein Computer ausführt, um ein bestimmtes Problem oder eine bestimmte Aufgabe zu lösen. Computerprogramme sind immer in einer oder mehreren Programmiersprachen geschrieben und somit, im Gegensatz zu Algorithmen, nur bedingt zur Kommunikation der Lösungsstrategie an andere Personen geeignet.

Proteindomäne Abschnitt oder Bereich eines Proteins, der evolutionär konserviert und von anderen Bereichen des Proteins strukturell und funktionell unabhängig ist.

Proteine Biomakromoleküle, meist lineare Aneinanderreihung von Aminosäuren, nehmen nach der Synthese durch das Ribosom eine charakteristische Faltung ein und erlangen durch diese ihre Funktion. Proteine dienen als molekulare Maschinen und erledigen einen Großteil aller Aufgaben in und um lebendige Zellen.

RNA (*Ribose Nucleic Acid*) Neben der DNA das wichtigste Nukleinsäure-Makromolekül und im Kontrast zu dieser mit vielen Formen und verschiedenen Funktionen ausgestattet. So existiert z. B. *messenger*-RNA (mRNA), die zur Weitergabe der in DNA kodierten Information an die Proteinsynthesemaschinerie dient; oder Transfer-RNA (tRNA), die eine wichtige Rolle in der Proteinsynthese spielt. Trägt im Unterschied zu DNA an Stelle des Thymins Uracil und an Stelle der Desoxyribose im Rückgrat Ribose und liegt häufig einzelsträngig vor. Da RNA auch kompliziertere Strukturen und katalytische Eigenschaften haben kann, wirken auf RNA-Sequenzen andere evolutionäre Drücke als auf DNA-Sequenzen, die nicht für solche RNAs kodieren.

Selektionsdruck Konzept, um in der Evolution beobachtete Phänomene zu beschreiben. Entsteht in einer Population, wenn auf bestimmte Merkmale selektioniert wird, z. B. durch Jagd auf diese Population oder durch Nahrungsmittelknappheit. Diese Selektion ist nachträglich beobachtbar in schrittweisen Veränderungen z. B. im Genom von Organismen der Population. Diese wirkt, als gäbe es einen Druck hin zu den neuen Merkmalen, obwohl tatsächlich ein Druck, weg von veralteten Merkmalen bestand.

Sekundärstruktur Eine der Ebenen der Beschreibung der Struktur eines Proteins, die die Positionen von Strukturelementen wie α-Helices und β-Faltblättern spezifiziert.

Sequenzprofil Darstellungsform für Gruppen von Proteinsequenzen, die ein Augenmerk auf die Variabilität der Sequenzen legt. Für eine Gruppe von funktionell ähnlichen Proteinen wird ein Sequenzprofil oder eine *position specific scoring matrix* (PSSM) erzeugt, indem an jeder Stelle der Sequenzen die Anzahlen der verschiedenen auftretenden Aminosäuren gezählt und in eine Tabelle bzw. Matrix eingetragen werden. Sequenzprofile und PSSMs ermöglichen genaueres Suchen von funktionellen Abschnitten und Motiven, da diese in biologischen Sequenzen oft nicht komplett konserviert sind. Sequenzprofile können in sogenannten Weblogos bildlich dargestellt werden.

Smith-Waterman-Algorithmus Algorithmus zur Erzeugung von lokalen PSAs. Dient als Grundlage für viele Entwicklungen auf dem Feld der PSAs und MSsA und hat viele Modifikationen und Erweiterungen erfahren. Mehr hierzu im Abschn. 2.2.4.

Substitutionsmatrix Für die Erzeugung von PSAs und MSAs auf der Basis von Needleman-Wunsch- und Smith-Waterman-Algorithmen bzw. ihrer Abwandlungen notwendiges Datenobjekt, das angibt, wie wahrscheinlich der Austausch einer bestimmten Aminosäure oder Nukleobase durch eine bestimmte andere in der evolutionären Vergangenheit einer biologischen Sequenz ist. Mehr hierzu im Abschn. 2.2.3.

Transmembranprotein Protein, das sich über eine Zellmembran erstreckt. Dies wird durch eine Transmembrandomäne ermöglicht, die einen hohen Anteil von hydrophoben (und somit lipophilen) Aminosäuren enthält. Transmembranproteine agieren oft als Signalrezeptoren oder Transportproteine. Mehr hierzu im Abschn. 2.3.8, Paragraph *„Transmembranproteine"*.

Twilight zone Bereich der Ähnlichkeit von Sequenzen, in dem ein akkurates Alignment der Sequenzen schwer zu erzeugen ist. Konnte durch die Fortentwicklung von MSA-Programmen immer weiter zurückgedrängt werden und ist für verschiedene Methoden unterschiedlich groß. Mehr hierzu im Abschn. 2.3.8, Paragraph *„Die twilight zone"*.

Literatur

1. Alipanahi B, Delong A, Weirauch MT, Frey BJ (2015) Predicting the sequence specificities of DNA- and RNA-binding proteins by deep learning. Nat Biotechnol 33(8):831–838
2. Altschul S (1997) Gapped BLAST and PSI-BLAST: a new generation of protein database search programs. Nucleic Acids Res 25(17):3389–3402
3. Altschul SF, Gish W, Miller W, Myers EW, Lipman DJ (1990) Basic local alignment search tool. J Mol Biol 215(3):403–410
4. Aniba MR, Poch O, Thompson JD (2010) Issues in bioinformatics benchmarking: the case study of multiple sequence alignment. Nucleic Acids Res 38(21):7353–7363
5. Armougom F, Moretti S, Poirot O, Audic S, Dumas P, Schaeli B, Keduas V, Notredame C (2006) Expresso: automatic incorporation of structural information in multiple sequence alignments using 3d-coffee. Nucleic Acids Res 34(Web Server):W604–W608
6. Bahr A, Thompson JD, Thierry J-C, Pocha O (2001) BAliBASE (benchmark alignment dataBASE): enhancements for repeatstransmembrane sequences and circular permutations. Nucleic Acids Res 29(1):323–326
7. Baum BR (1989) PHYLIP: phylogeny inference package. version 3.2. Joel Felsenstein. Q Rev Biol 64(4):539–541
8. Bawono P, Dijkstra M, Pirovano W, Feenstra A, Abeln S, Heringa J (2016) Multiple sequence alignment. In: Methods in molecular biology. Humana Press Inc., New York, S 167–189
9. Bernhart SH, Hofacker IL, Stadler PF (2005) Local RNA base pairing probabilities in large sequences. Bioinformatics 22(5):614–615
10. Blackshields G, Sievers F, Shi W, Wilm A, Higgins DG (2010) Sequence embedding for fast construction of guide trees for multiple sequence alignment. Algorithms Mol Biol 5(1):21
11. Boratyn GM, Schäffer AA, Agarwala R, Altschul SF, Lipman DJ, Madden TL (2012) Domain enhanced lookup time accelerated BLAST. Biol Direct 7(1):12
12. Camacho C, Coulouris G, Avagyan V, Ma N, Papadopoulos J, Bealer K, Madden TL (2009) BLAST+: architecture and applications. BMC Bioinf 10(1):421
13. Chaichoompu K, Kittitornkun S, Tongsima S (2006) MT-ClustalW: multithreading multiple sequence alignment. In: Proceedings 20th IEEE International Parallel & Distributed Processing Symposium
14. Chang J-M, Tommaso PD, Notredame C (2014) TCS: a new multiple sequence alignment reliability measure to estimate alignment accuracy and improve phylogenetic tree reconstruction. Mol Biol Evol 31(6):1625–1637
15. Chang J-M, Tommaso PD, Taly J-F, Notredame C (2012) Accurate multiple sequence alignment of transmembrane proteins with PSI-coffee. BMC Bioinf 13(Suppl 4):S1
16. Cline M, Hughey R, Karplus K (2002) Predicting reliable regions in protein sequence alignments. Bioinformatics 18(2):306–314
17. Cornish-Bowden A (1985) Nomenclature for incompletely specified bases in nucleic acid sequences: recommendations 1984. Nucleic Acids Res 13(9):3021–3030

© Springer-Verlag GmbH Deutschland, ein Teil von Springer Nature 2019
T. Sperlea, *Multiple Sequenzalignments*,
https://doi.org/10.1007/978-3-662-58811-6

18. Delcher AL (2002) Fast algorithms for large-scale genome alignment and comparison. Nucleic Acids Res 30(11):2478–2483
19. Delcher AL, Kasif S, Fleischmann RD, Peterson J, White O, Salzberg SL (1999) Alignment of whole genomes. Nucleic Acids Res 27(11):2369–2376
20. D'haeseleer P (2006) What are DNA sequence motifs? Nat Biotechnol 24(4):423–425
21. Do CB (2005) ProbCons: probabilistic consistency-based multiple sequence alignment. Genome Res 15(2):330–340
22. Eddy SR (1998) Profile hidden Markov models. Bioinformatics 14(9):755–763
23. Edgar RC (2004) MUSCLE: multiple sequence alignment with high accuracy and high throughput. Nucleic Acids Res 32(5):1792–1797
24. Edgar RC(2004) Muscle: a multiple sequence alignment method with reduced time and space complexity. BMC Bioinf 5(1):113
25. Edgar RC (2010) Quality measures for protein alignment benchmarks. Nucleic Acids Res 38(7):2145–2153
26. Feng D-F, Doolittle RF (1987) Progressive sequence alignment as a prerequisitetto correct phylogenetic trees. J Mol Evol 25(4):351–360
27. Floden EW, Tommaso PD, Chatzou M, Magis C, Notredame C, Chang J-M (2016) PSI/TM-coffee: a web server for fast and accurate multiple sequence alignments of regular and transmembrane proteins using homology extension on reduced databases. Nucleic Acids Res 44(W1):W339–W343
28. Freese NH, Norris DC, Loraine AE (2016) Integrated genome browser: visual analytics platform for genomics. Bioinformatics 32(14):2089–2095
29. Gardner PP (2005) A benchmark of multiple sequence alignment programs upon structural RNAs. Nucleic Acids Res 33(8):2433–2439
30. Garnier J, Gibrat J-F, Robson B (1996) [32] GOR method for predicting protein secondary structure from amino acid sequence. In: Methods in enzymology. Academic Press, Cambridge, S 540–553
31. Gotoh O (1990) Consistency of optimal sequence alignments. Bull Math Biol 52(4):509–525
32. Gotoh O (1996) Significant improvement in accuracy of multiple protein sequence alignments by iterative refinement as assessed by reference to structural alignments. J Mol Biol 264(4):823–838
33. Gouy M, Guindon S, Gascuel O (2009) SeaView version 4: a multiplatform graphical user interface for sequence alignment and phylogenetic tree building. Mol Biol Evol 27(2):221–224
34. Grantham R (1974) Amino acid difference formula to help explain protein evolution. Science 185(4154):862–864
35. Griffiths-Jones S (2004) Rfam: annotating non-coding RNAs in complete genomes. Nucleic Acids Res 33(Database issue):D121–D124
36. Haubold B (2013) Alignment-free phylogenetics and population genetics. Brief Bioinform 15(3):407–418
37. Henikoff S, Henikoff JG (1992) Amino acid substitution matrices from protein blocks. Proc Natl Acad Sci 89(22):10915–10919
38. Heringa J (1999) Two strategies for sequence comparison: profile-preprocessed and secondary structure-induced multiple alignment. Comput Chem 23(3–4):341–364
39. Heringa J (2002) Local weighting schemes for protein multiple sequence alignment. Comput Chem 26(5):459–477
40. Higgins DG, Sharp PM (1988) CLUSTAL: a package for performing multiple sequence alignment on a microcomputer. Gene 73(1):237–244
41. Hofacker IL (2003) The vienna RNA secondary structure server. Nucleic Acids Res 31:3429–3431
42. Hogeweg P, Hesper B (1984) The alignment of sets of sequences and the construction of phyletic trees: an integrated method. J Mol Evol 20(2):175–186
43. Jones DT (1999) Protein secondary structure prediction based on position-specific scoring matrices 11 edited by G. Von Heijne. J Mol Biol 292(2):195–202

44. Käll L, Krogh A, Sonnhammer ELL (2004) A combined transmembrane topology and signal peptide prediction method. J Mol Biol 338(5):1027–1036
45. Katoh K (2002) MAFFT: a novel method for rapid multiple sequence alignment based on fast fourier transform. Nucleic Acids Res 30(14):3059–3066
46. Katoh K (2005) MAFFT version 5: improvement in accuracy of multiple sequence alignment. Nucleic Acids Res 33(2):511–518
47. Katoh K, Standley DM (2016) A simple method to control over-alignment in the MAFFT multiple sequence alignment program. Bioinformatics 32(13):1933–1942
48. Kawashima S, Pokarowski P, Pokarowska M, Kolinski A, Katayama T, Kanehisa M (2007) AAindex: amino acid index databaseprogress report 2008. Nucleic Acids Res 36(Database):D202–D205
49. Kelley DR, Snoek J, Rinn J (2016) Basset: learning the regulatory code of the accessible genome with deep convolutional neural networks. Genome Res. https://doi.org/10.1101/gr. 200535.115
50. Kemena C, Notredame C (2009) Upcoming challenges for multiple sequence alignment methods in the high-throughput era. Bioinformatics 25(19):2455–2465
51. Kimura M (1983) The neutral theory of molecular evolution. Cambridge University Press, Cambridge
52. Konagurthu AS, Whisstock JC, Stuckey PJ, Lesk AM (2006) MUSTANG: a multiple structural alignment algorithm. Proteins Struct Funct Bioinf 64(3):559–574
53. Krogh A, Larsson B, von Heijne G, Sonnhammer ELL (2001) Predicting transmembrane protein topology with a hidden markov model: application to complete genomes11edited by F. Cohen. J Mol Biol 305(3):567–580
54. Landan G, Graur D (2007) Heads or tails: a simple reliability check for multiple sequence alignments. Mol Biol Evol 24(6):1380–1383
55. Larkin MA, Blackshields G, Brown NP, Chenna R, McGettigan PA, McWilliam H, Valentin F, Wallace IM, Wilm A, Lopez R, Thompson JD, Gibson TJ, Higgins DG (2007) Clustal W and clustal X version 2.0. Bioinformatics 23(21):2947–2948
56. Larsson A (2014) AliView: a fast and lightweight alignment viewer and editor for large datasets. Bioinformatics 30(22):3276–3278
57. Lassmann T, Sonnhammer ELL (2005) Kalign an accurate and fast multiple sequence alignment algorithm. BMC Bioinf 6(1):298
58. Lecun Y, Bottou L, Bengio Y, Haffner P (1998) Gradient-based learning applied to document recognition. Proc IEEE 86(11):2278–2324
59. Lee C, Grasso C, Sharlow MF (2002) Multiple sequence alignment using partial order graphs. Bioinformatics 18(3):452–464
60. Liu Y, Schmidt B, Maskell DL (2009) MSA-CUDA: multiple sequence alignment on graphics processing units with CUDA. In: 2009 20th IEEE International Conference on Application-specific Systems Architectures and Processors, S 121–128
61. Liu Y, Schmidt B, Maskell DL (2010) MSAProbs: multiple sequence alignment based on pair hidden markov models and partition function posterior probabilities. Bioinformatics 26(16):1958–1964
62. Löwes B, Chauve C, Ponty C, Giegerich R (2016) The BRaliBase dent – a tale of benchmark design and interpretation. Brief Bioinf bbw022 18(2):306–311
63. Loytynoja A, Goldman N (2005) From the cover: an algorithm for progressive multiple alignment of sequences with insertions. Proc Natl Acad Sci U S A 102(30):10557–10562
64. Loytynoja A, Goldman N (2008) Phylogeny-aware gap placement prevents errors in sequence alignment and evolutionary analysis. Science 320(5883):1632–1635
65. Lyras DP, Metzler D (2014) ReformAlign: improved multiple sequence alignments using a profile-based meta-alignment approach. BMC Bioinf 15(1):265
66. Maddison DR, Swofford DL, Maddison WP (1997) Nexus: an extensible file format for systematic information. Syst Biol 46(4):590–621
67. McGinnis S, Madden TL (2004) BLAST: at the core of a powerful and diverse set of sequence analysis tools. Nucleic Acids Res 32(Web Server):W20–W25

68. Mizuguchi K, Deane CM, Blundell TL, Johnson MS, Overington JP (1998) JOY: protein sequence-structure representation and analysis. Bioinformatics 14(7):617–623
69. Mizuguchi K, Deane CM, Blundell TL, Overington JP (1998) HOMSTRAD: a database of protein structure alignments for homologous families. Protein Sci 7(11):2469–2471
70. Morgenstern B (1999) DIALIGN 2: improvement of the segment-to-segment approach to multiple sequence alignment. Bioinformatics 15(3):211–218
71. Morgenstern B, Dress A, Werner T (1996) Multiple DNA and protein sequence alignment based on segment-to-segment comparison. Proc Natl Acad Sci 93(22):12098–12103
72. Morgulis A, Coulouris G, Raytselis Y, Madden TL, Agarwala R, Schäffer AA (2008) Database indexing for production MegaBLAST searches. Bioinformatics 24(16):1757–1764
73. Morrison DA (2015) Multiple sequence alignment methods (Hrsg DJ Russell, Bd 64. Humana Press, New York
74. Needleman SB, Wunsch CD (1970) A general method applicable to the search for similarities in the amino acid sequence of two proteins. J Mol Biol 48(3):443–453
75. Ng PC, Henikoff JG, Henikoff JG (2000) PHAT: a transmembrane-specific substitution matrix. Bioinformatics 16(9):760–766
76. Nguyen NG, Tran VA, Ngo DL, Phan D, Lumbanraja FR, Faisal MR, Abapihi B, Kubo M, Satou K (2016) DNA sequence classification by convolutional neural network. J Biomed Sci Eng 9(5):280–286
77. Notredame C (1996) SAGA: sequence alignment by genetic algorithm. Nucleic Acids Res 24(8):1515–1524
78. Notredame C, Higgins DG, Heringa J (2000) T-coffee: a novel method for fast and accurate multiple sequence alignment. J Mol Biol 302(1):205–217
79. Notredame C, Holm L, Higgins DG (1998) COFFEE: an objective function for multiple sequence alignments. Bioinformatics 14(5):407–422
80. Notredame C, O'Brien EA, Higgins DG (1997) RAGA: RNA sequence alignment by genetic algorithm. Nucleic Acids Res 25(22):4570–4580
81. Dayhoff MO, Schwartz RM, Orcutt BC (1978) A model of evolutionary change in proteins. In: Dayhoff MO (ed) Atlas of protein sequence and structure, vol 5. National Biomedical Research Foundation, Washington
82. Okonechnikov K, Golosova O, Fursov M (2012) Unipro UGENE: a unified bioinformatics toolkit. Bioinformatics 28(8):1166–1167
83. Oliver T, Schmidt B, Nathan D, Clemens R, Maskell D (2005) Using reconfigurable hardware to accelerate multiple sequence alignment with ClustalW. Bioinformatics 21(16):3431–3432
84. Ortuño FM, Valenzuela O, Pomares H, Rojas F, Florido JP, Urquiza JM, Rojas I (2012) Predicting the accuracy of multiple sequence alignment algorithms by using computational intelligent techniques. Nucleic Acids Res 41(1):e26–e26
85. O'Sullivan O, Suhre K, Abergel C, Higgins DG, Notredame C (2004) 3DCoffee: combining protein sequences and structures within multiple sequence alignments. J Mol Biol 340(2):385–395
86. Pearson WR, Lipman DJ (1988) Improved tools for biological sequence comparison. Proc Natl Acad Sci 85(8):2444–2448
87. Pearson WR (2013) Selecting the right similarity-scoring matrix. Curr Protoc Bioinformatics 43:1–9
88. Pei J, Grishin NV (2007) PROMALS: towards accurate multiple sequence alignments of distantly related proteins. Bioinformatics 23(7):802–808
89. Penn O, Privman E, Landan G, Graur D, Pupko T (2010) An alignment confidence score capturing robustness to guide tree uncertainty. Mol Biol Evol 27(8):1759–1767
90. Pirovano W, Feenstra KA, Heringa J (2008) PRALINETM: a strategy for improved multiple alignment of transmembrane proteins. Bioinformatics 24(4):492–497
91. Qian L, Kussell E (2016) Genome-wide motif statistics are shaped by DNA binding proteins over evolutionary time scales. Phys Rev X 6(4):041009. https://doi.org/10.1103/PhysRevX.6.041009

92. Quang D, Xie X (2016) Danq: a hybrid convolutional and recurrent deep neural network for quantifying the function of DNA sequences. Nucleic Acids Res 44:e107

93. Raghava GPS, Searle SMJ, Audley PC, Barber JD, Barton GJ (2003) Oxbench: a benchmark for evaluation of protein multiple sequence alignment accuracy. BMC Bioinf 4(1):47

94. Roshan U, Livesay DR (2006) Probalign: multiple sequence alignment using partition function posterior probabilities. Bioinformatics 22(22):2715–2721

95. Rost B (1999) Twilight zone of protein sequence alignments. Protein Eng Des Sel 12(2): 85–94

96. Sahraeian SME, Yoon B-J (2011) PicXAA-web: a web-based platform for non-progressive maximum expected accuracy alignment of multiple biological sequences. Nucleic Acids Res 39(suppl):W8–W12

97. Sahraeian SME, Yoon B-J (2010) PicXAA: greedy probabilistic construction of maximum expected accuracy alignment of multiple sequences. Nucleic Acids Res 38(15):4917–4928

98. Sauder JM, Arthur JW, Dunbrack RL Jr (2000) Large-scale comparison of protein sequence alignment algorithms with structure alignments. Proteins Struct Funct Genet 40(1):6–22

99. Shi J, Blundell TL, Mizuguchi K (2001) FUGUE: sequence-structure homology recognition using environment-specific substitution tables and structure-dependent gap penalties11edited by B. Honig. J Mol Biol 310(1):243–257

100. Sievers F, Wilm A, Dineen D, Gibson TJ, Karplus K, Li W, Lopez R, McWilliam H, Remmert M, Soding J, Thompson JD, Higgins DG (2014) Fast & scalable generation of high-quality protein multiple sequence alignments using clustal omega. Mol Syst Biol 7(1):539–539

101. Simossis VA (2005) Homology-extended sequence alignment. Nucleic Acids Res 33(3): 816–824

102. Simossis VA, Heringa J (2005) PRALINE: a multiple sequence alignment toolbox that integrates homology-extended and secondary structure information. Nucleic Acids Res 33(Web Server):W289–W294

103. Simossis VA, Heringa J (2003) The PRALINE online server: optimising progressive multiple alignment on the web. Comput Biol Chem 27(4–5):511–519

104. Smith TF, Waterman MS (1981) Identification of common molecular subsequences. J Mol Biol 147(1):195–197

105. Stamm M, Staritzbichler R, Khafizov K, Forrest LR (2013) Alignment of helical membrane protein sequences using AlignMe. PLoS One 8(3):e57731

106. Stebbings LA (2004) HOMSTRAD: recent developments of the homologous protein structure alignment database. Nucleic Acids Res 32(90001):203D–207

107. Wilm A, Mainz I, Steger G (2006) An enhanced rna alignment benchmark for sequence alignment programs. Algorithms Mol Biol 1(16):1–11

108. Stoye J, Evers D, Meyer F (1998) Rose: generating sequence families. Bioinformatics 14(2):157–163

109. Subramanian AR, Kaufmann M, Morgenstern B (2008) DIALIGN-TX: greedy and progressive approaches for segment-based multiple sequence alignment. Algorithms Mol Biol 3(1):6

110. Subramanian AR, Weyer-Menkhoff J, Kaufmann M, Morgenstern B (2005) Dialign-t: an improved algorithm for segment-based multiple sequence alignment. BMC Bioinf 6(1):66

111. Taylor WR (2000) Protein structure comparison using SAP. Humana Press, Totowa, S 19–32

112. Thompson J, Plewniak F, Poch O (1999) BAliBASE: a benchmark alignment database for the evaluation of multiple alignment programs. Bioinformatics 15(1):87–88

113. Thompson JD, Plewniak F, Poch O (1999) A comprehensive comparison of multiple sequence alignment programs. Nucleic Acids Res 27(13):2682–2690

114. Thompson JD, Higgins DG, Gibson TJ (1994) CLUSTAL W: improving the sensitivity of progressive multiple sequence alignment through sequence weightingposition-specific gap penalties and weight matrix choice. Nucleic Acids Res 22(22):4673–4680

115. Thompson JD, Koehl P, Ripp R, Poch O (2005) BAliBASE 3.0: latest developments of the multiple sequence alignment benchmark. Proteins Struct Funct Bioinf 61(1):127–136

116. Touzain F, Petit M-A, Schbath S, Meriem El Karoui (2011) DNA motifs that sculpt the bacterial chromosome. Nat Rev Microbiol 9(1):15–26

117. Trifonov EN, Frenkel ZM (2009) Evolution of protein modularity. Curr Opin Struct Biol 19(3):335–340

118. Tusnady GE, Simon I (2001) The HMMTOP transmembrane topology prediction server. Bioinformatics 17(9):849–850

119. Viklund H, Elofsson A (2008) OCTOPUS: improving topology prediction by two-track ANN-based preference scores and an extended topological grammar. Bioinformatics 24(15): 1662–1668

120. Vinga S, Almeida J (2003) Alignment-free sequence comparison – a review. Bioinformatics 19(4):513–523

121. Vogt G, Etzold T, Argos P (1995) An assessment of amino acid exchange matrices in aligning protein sequences: the twilight zone revisited. J Mol Biol 249(4):816–831

122. Wallace IM (2006) M-coffee: combining multiple sequence alignment methods with t-coffee. Nucleic Acids Res 34(6):1692–1699

123. Van Walle I, Lasters I, Wyns L (2004) Align-m – a new algorithm for multiple alignment of highly divergent sequences. Bioinformatics 20(9):1428–1435

124. Van Walle I, Lasters I, Wyns L (2004) SABmark – a benchmark for sequence alignment that covers the entire known fold space. Bioinformatics 21(7):1267–1268

125. Washietl S, Hofacker IL (2004) Consensus folding of aligned sequences as a new measure for the detection of functional RNAs by comparative genomics. J Mol Biol 342(1):19–30

126. Waterhouse AM, Procter JB, Martin DMA, Clamp M, Barton GJ (2009) Jalview version 2–a multiple sequence alignment editor and analysis workbench. Bioinformatics 25(9): 1189–1191

127. Wilm A, Higgins DG, Notredame C (2008) R-coffee: a method for multiple alignment of non-coding RNA. Nucleic Acids Res 36(9):e52–e52

128. Wright ES (2015) DECIPHER: harnessing local sequence context to improve protein multiple sequence alignment. BMC Bioinf 16(1):322

129. Wu S, Manber U (1992) Fast text searching: allowing errors. Commun ACM 35(10):83–91

130. Yamada K, Tomii K (2013) Revisiting amino acid substitution matrices for identifying distantly related proteins. Bioinformatics 30(3):317–325

131. Yoon B-J (2009) Hidden markov models and their applications in biological sequence analysis. Curr Genomics 10(6):402–415

132. Zhang Z (1998) Protein sequence similarity searches using patterns as seeds. Nucleic Acids Res 26(17):3986–3990

133. Zhang Z, Schwartz S, Wagner L, Miller W (2000) A greedy algorithm for aligning DNA sequences. J Comput Biol 7(1–2):203–214

134. Zielezinski A, Vinga S, Almeida J, Karlowski WM (2017) Alignment-free sequence comparison: benefits applications and tools. Genome Biol 18(1):186

Stichwortverzeichnis

© Springer-Verlag GmbH Deutschland, ein Teil von Springer Nature 2019
T. Sperlea, *Multiple Sequenzalignments*,
https://doi.org/10.1007/978-3-662-58811-6